第二種電気工事士試験問題の分析

学科試験は四肢択一で，一般問題 30 問と配線図の記号等 20 問の合計 50 問

試験問題に使用する図記号等は，原則として次の JIS 規格による。

電気用図記号：JIS C 0617 シリーズ
構内電気設備用図記号：JIS C 0303：2000
量記号・単位記号：JIS Z 8000 シリーズ

試験科目と出題数	出題範囲
1．電気に関する基礎理論　5～6 問	①電流，電圧，電力及び電気抵抗 ②導体及び絶縁体　③交流電気の基礎概念 ④電気回路の計算
2．配電理論及び配線設計　5～6 問	①配電方式　②引込線 ③配線
3．電気機器，配線器具並びに電気工事用の材料及び工具　4～5 問	①電気機器及び配線器具の構造及び性能 ②電気工事用の材料の材質及び用途 ③電気工事用の工具の用途
4．電気工事の施工方法　5～6 問	①配線工事の方法 ②電気機器及び配線器具の設置工事の方法 ③コード及びキャブタイヤケーブルの取付方法 ④接地工事の方法
5．一般用電気工作物の検査方法　3～4 問	①点検の方法　②導通試験の方法 ③絶縁抵抗測定の方法　④接地抵抗測定の方法 ⑤試験用器具の性能及び使用方法
6．一般用電気工作物の保安に関する法令　3～4 問	①電気工事士法，同法施行令，同法施行規則 ②電気設備に関する技術基準を定める省令 ③電気用品安全法，同法施行令，同法施行規則及び電気用品の技術上の基準を定める省令

1．～ 6．の一般問題の小計 30 問

7．**配線図**	
図記号　10～13 問 複線図 配線器具，	項及び表示方法

7．の配線図の

令和 5 年度下期筆記方式は，鉄骨軽量コンクリート造店舗平屋建の配線図
令和 5 年度下期筆記方前】の配線図は，木造 2 階建住宅及び車庫の配線図
令和 5 年度上期筆記方式【午後】の配線図は，木造 3 階建住宅の配線図
令和 5 年度上期筆記方式【午前】の配線図は，木造 1 階建住宅の配線図
令和 4 年度下期【午後】の配線図は，木造 3 階建住宅の配線図
令和 4 年度下期【午前】の配線図は，木造 1 階建住宅の配線図

本書の利用のしかた

◆過去問の攻略が合格への近道

資格試験の勉強方法は，試験範囲をやみくもに勉強するよりも，よく問われる頻出分野を学習していく方が効果的です。

最も効果的なのが，過去に出題された問題を解くことです。多くの過去問にあたり，頻出問題を把握し，確実に理解することが合格への近道となります。また，のちに第二種電気工事士として実務を進めていく上でも重要です。

本書は，過去の試験問題を分析し，よく出題される問題を科目ごとにセレクトしたものと，直近の学科試験（筆記方式）の問題２回分（令和５年度）から構成されていますので，実際の試験に向け，充分な演習ができます。

◆科目別にセレクトした問題で苦手科目を集中して解く

試験に出題される科目に準じて，７つの科目で構成しています。左ページは問題，右ページに解説としているので，すぐに解答がわかります。問題の下に，出題された年・期・問題番号，また，同問や類問も記載しています。

◆答案用紙を使っての実戦練習

直近の試験問題には，学科試験（筆記方式）で使われるものと同様の答案用紙（マークシートで記入）が付いています。必要に応じてコピーしてご利用ください。問題を解く際には，実際の試験時間（120分）を踏まえ，時間配分を意識しながら，集中して取り組みましょう。

実際の試験では，正しいものを選ぶ問題，誤っているものを選ぶ問題などいろいろな形式で出題されます。問題文をよく読むことを心がけましょう。

◆使いやすい別冊の解答・解説と解答一覧

直近の試験問題の解答・解説は，別冊としています。別冊を取り外して使うことで，問題を見ながら解説の内容を深く理解できます。また，答え合わせが簡単にできるように，正答をマークした解答一覧も付いています。

本書を充分に活用され，試験に合格されることを心よりお祈りいたします。

本書に掲載の問題は，一般財団法人　電気技術者試験センターが作成したものです。

Contents

問 題 編

別冊　解答・解説編

凡　例

電技 ………… 電気設備に関する技術基準を定める省令

電技解釈 …… 電気設備の技術基準の解釈

第二種電気工事士 試験ガイダンス

第二種電気工事士試験は，電気工事の欠陥による災害の発生を防止するために，電気工事士法第６条に基づいて経済産業大臣が行う伝統ある国家試験です。また，大型の電気を扱う「第一種電気工事士」，電気の保安・監督を行う「電気主任技術者」などの上級資格へのステップとなる電気の基本技術を学べます。

「第二種電気工事士」の資格を取るには？

●試験の実施方法

第二種電気工事士の試験は，毎年，上期と下期に，一般財団法人 電気技術者試験センターが各都道府県ごとに実施しています。受験資格は特に問われません。試験には，学科試験と技能試験があり，技能試験は学科試験合格者（または学科試験免除者）のみ受験することができます。学科試験は，上期が４～５月，下期が９～10月に実施され，CBT方式または筆記方式のいずれかの受験となります。

一般財団法人　電気技術者試験センター　本部事務局
〒104-8584　東京都中央区八丁堀2-9-1　(RBM東八重洲ビル８階)
(TEL) 03 − 3552 − 7691
平日９時から17時15分まで（土・日・祝日を除く）
(URL) https://www.shiken.or.jp/

本書は2023年11月現在の情報に基づき編集しています。
試験に関する情報は変わることがありますので，受験者は試験の最新情報を一般財団法人　電気技術者試験センター等で必ずご自身で確認してください。

第二種電気工事士

セレクト過去問

試験問題に使用する図記号等と国際規格の本試験での取り扱いについて

1. 試験問題に使用する図記号等

試験問題に使用される図記号は，原則として「JIS C 0617-1 ～ 13 電気用図記号」及び「JIS C 0303：2000 構内電気設備の配線用図記号」を使用することとします。

2.「電気設備の技術基準の解釈」の適用について

「電気設備の技術基準の解釈について」の第 218 条，第 219 条の「国際規格の取り入れ」の条項は本試験には適用しません。

1章 電気の基礎理論のポイント

1. オームの法則（電圧 V，電流 I，抵抗 R の関係）

$$I = \frac{V}{R}\,[\mathrm{A}] \rightarrow \begin{cases} R = \dfrac{V}{I}\,[\Omega] \\ V = IR\,[\mathrm{V}] \end{cases}$$

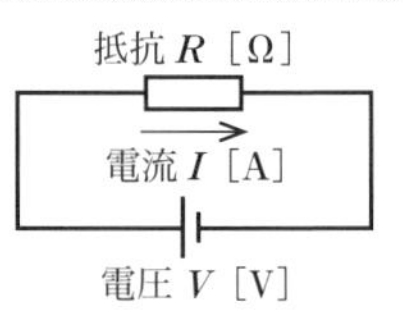

2. 抵抗の直列接続と並列接続

直列（3 個）の合成抵抗　$R_0 = R_1 + R_2 + R_3$

並列（2 個）の合成抵抗　$R_0 = \dfrac{R_1 \times R_2}{R_1 + R_2}$　　※和分の積（和：分母，積：分子）

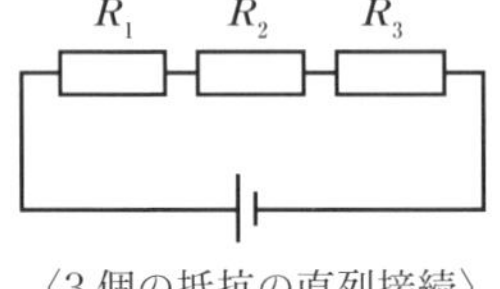

〈3 個の抵抗の直列接続〉

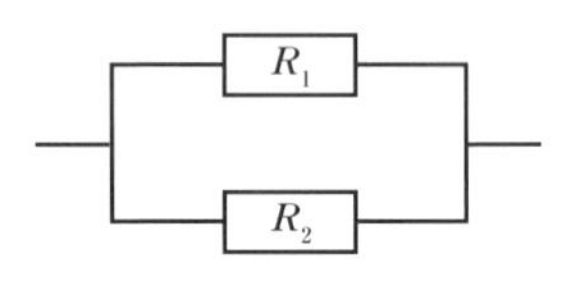

〈2 個の抵抗の並列接続〉

3. 抵抗率と抵抗

$$R = \rho \frac{L}{A}\,[\Omega]$$

L［m］：電線の長さ

$A = \left(\dfrac{d}{2}\right)^2 \pi$［$\mathrm{m}^2$］：電線の断面積，$d$ は直径［m］

ρ［Ω・m］：抵抗率（単位面積（1 m^2），長さ（1 m）の抵抗）

※ $R = \rho \dfrac{1\,[\mathrm{m}]}{1\,[\mathrm{m}^2]} \longrightarrow R = \rho$

4. 電力 P，電力量 W と熱量 Q　※①③は t［s］，②④は t［h］，③④は三相

①$P = VI$［W］　　③$P_3 = \sqrt{3}VI$［W］

$P = VI\cos\theta$［W］　　$P_3 = \sqrt{3}VI\cos\theta$［W］　　※ $\cos\theta$：力率

$Q = Pt$［J］　　$Q_3 = P_3 t$［J］　　※ P［kW］

②$W = Pt$［kW·h］　　④$W_3 = P_3 t$［kW·h］　　※ 1［W·h］＝3 600［J］

$Q = W \times 3\,600$［kJ］　　$Q_3 = W_3 \times 3\,600$［kJ］　　※ 1［kW·h］＝3 600［kJ］

5. 正弦波交流（100 V の例）

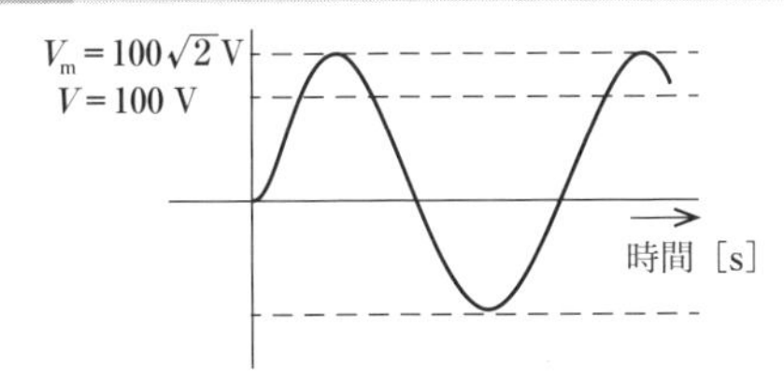

実効値：$V = 100$ V

最大値：$V_m = 100\sqrt{2}$ V

6. コイルに流れる電流 I_L と誘導インダクタンス X_L

$$I_L = \frac{V}{X_L}\ [\mathrm{A}]$$

$X_L = 2\pi fL$ ［Ω］：コイルが交流電流の流れを妨げる働き

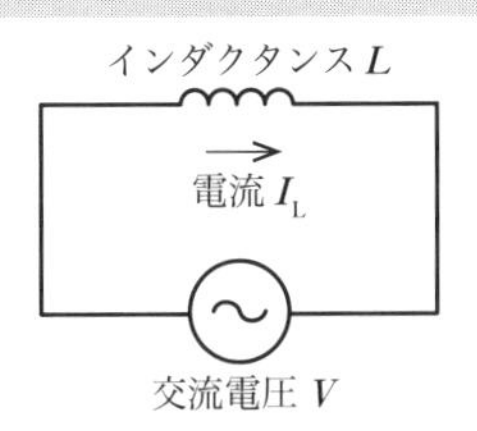

7. RL 直列回路の電流 I，合成インピーダンス Z と力率 $\cos\theta$

$$I = \frac{V}{Z} = \frac{V}{\sqrt{R^2 + X_L^2}}\ [\mathrm{A}]$$

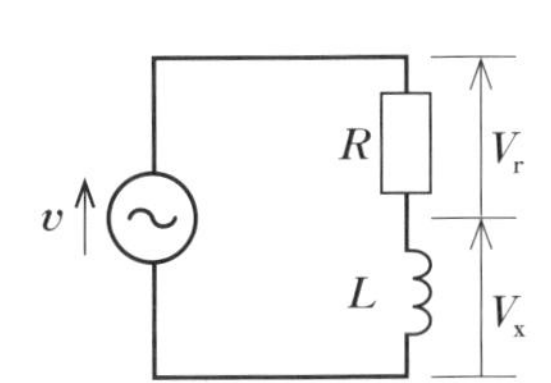

$$\cos\theta = \frac{R}{Z} \times 100 = \frac{R}{\sqrt{R^2 + X_L^2}} \times 100\ [\%]$$

$$\cos\theta = \frac{V_r}{V} \times 100 = \frac{V_r}{\sqrt{V_x^2 + V_r^2}} \times 100\ [\%]$$

X_L ［Ω］：コイル L のリアクタンス

V_x ［V］：コイルの電圧

V_r ［V］：抵抗の電圧

8. コンデンサ回路の電流波形

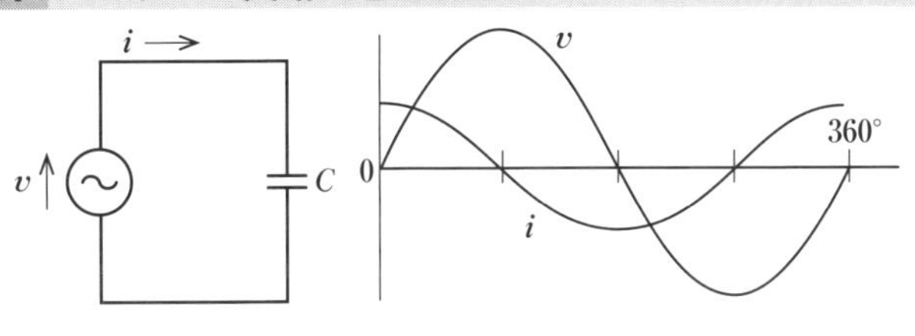

〈コンデンサ回路〉
電流 i は電圧 v より 90° 位相が進む

9. コンデンサ設置で力率 100［%］後の電流値

$\dot{I}$ ［A］：コンデンサ設置前の電流

$\dot{I}_c$ ［A］：コンデンサ電流

$\dot{I}'$ ［A］：コンデンサ設置後の電流

→$\dot{I}$の長さより$\dot{I}'$ の長さが短い

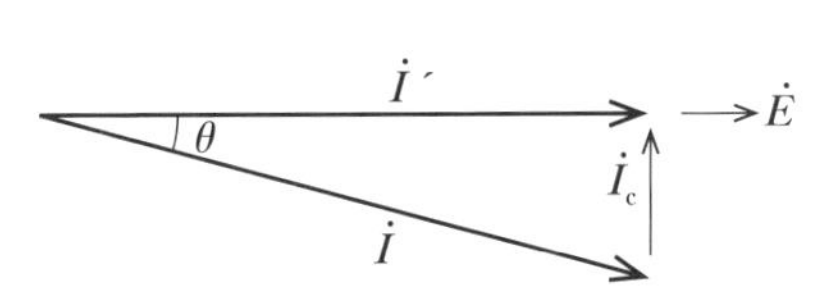

問題01

図のような回路で，電流計Ⓐの値が1 A を示した。このときの電圧計Ⓥの指示値［V］は。

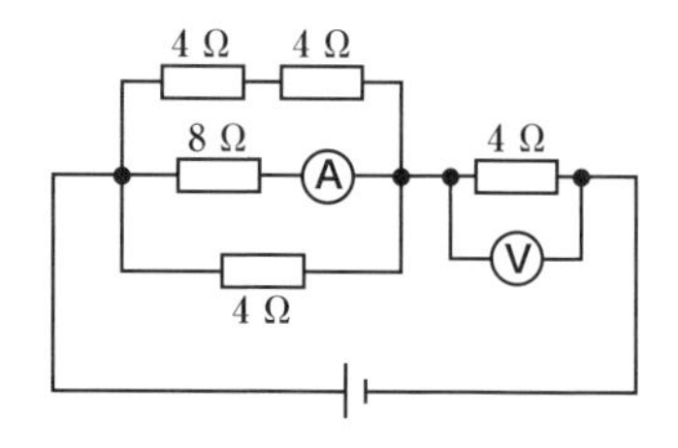

イ．16　　ロ．32　　ハ．40　　ニ．48

令和４年（上期）午前１出題
同問：平成 28 年（下期）1，平成 25 年（下期）1　　類問：令和３年（下期）午後１

ビニル絶縁電線（単線）の抵抗又は許容電流に関する記述として，**誤っているものは**。

イ．許容電流は，周囲の温度が上昇すると，大きくなる。
ロ．許容電流は，導体の直径が大きくなると，大きくなる。
ハ．電線の抵抗は，導体の長さに比例する。
ニ．電線の抵抗は，導体の直径の 2 乗に反比例する。

令和４年（上期）午前２出題
同問：2019 年（上期）2，平成 30 年（上期）3，平成 28 年（上期）3

抵抗器に 100 V の電圧を印加したとき，5 A の電流が流れた。1 時間 30 分の間に抵抗器で発生する熱量［kJ］は。

イ．750　　ロ．1 800　　ハ．2 700　　ニ．5 400

令和４年（上期）午前３出題
類問：平成 26 年（下期）1

解答 01

電流計が設置されている並列回路の電圧は，$8\,\Omega \times 1\,\text{A} = 8\,\text{V}$ である。

並列回路の電流合計は，$1\,\text{A} + 1\,\text{A} + 2\,\text{A} = 4\,\text{A}$ となり，電圧計が設置されている 4 Ω の抵抗には 4 A の電流が流れる。電圧計の指示値は，$4\,\Omega \times 4\,\text{A} = 16\,\text{V}$ となる。

したがって，**イ**である。

答 イ

解答 02

電線の許容電流とは，**電線に流すことができる最大の電流値**のことである。電線に大電流が流れると，電線の抵抗のため熱が発生し絶縁皮膜が溶ける可能性がある。このような事故を防ぐため，電線に流すことができる最大の電流値（許容電流）が決まっている。

電線を敷設する場所の周囲温度が高ければ，電流を流さない状態であっても電線温度が高くなるため，電流による温度上昇の余裕がなくなり，許容電流値が小さくなる。

したがって，**イ**は誤りである。

ロは，許容電流は，電線の太さに比例して大きくなるので正しい。

ハは，抵抗は導体の長さに比例するので正しい。

ニは，抵抗は，断面積 $A = \left(\frac{d}{2}\right)^2 \pi = \frac{d^2}{4} \pi\ [\text{m}^2]$ に反比例する。

よって，直径 $\boldsymbol{d}$ [m] の 2 乗に反比例するので正しい。

答 イ

解答 03

抵抗器で発生する熱量［kJ］は，

$100\,\text{V} \times 5\,\text{A} \times 1.5\,\text{h} = 0.75\ [\text{kW·h}]$

1［kW·h］＝ 3 600［kJ］なので，

$0.75\ [\text{kW·h}] \times 3\,600\ [\text{kJ/(kW·h)}] = 2\,700\ [\text{kJ}]$

したがって，**ハ**である。

答 ハ

図のような交流回路において，抵抗 8 Ωの両端の電圧 V［V］は。

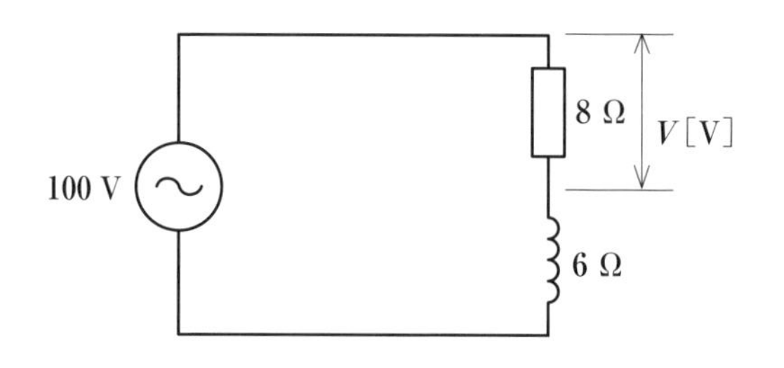

イ．43　　ロ．57　　ハ．60　　ニ．80

令和 4 年（上期）午前 4 出題
同問：平成 29 年（下期）2，平成 24 年（下期）2
類問：平成 28 年（上期）2

問題05

図のような直流回路に流れる電流 I［A］は。

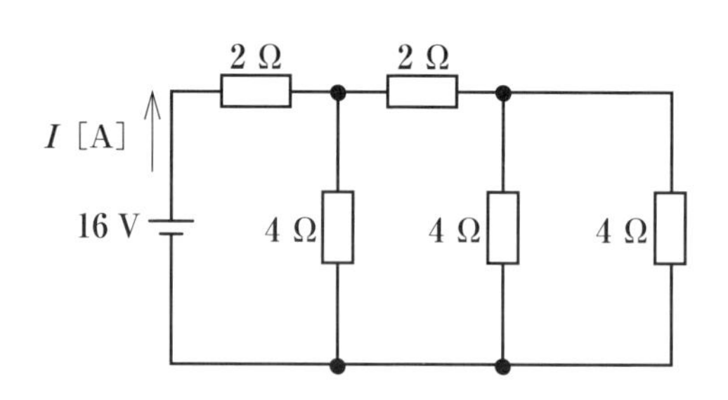

イ．1　　ロ．2　　ハ．4　　ニ．8

令和 4 年（下期）午前 1 出題
同問：令和 2 年（下期）午前 1，平成 26 年（下期）2

解答04

交流回路のインピーダンスは，

$$Z = \sqrt{8^2 + 6^2} = 10\ \Omega$$

回路を流れる電流は，

$$I = \frac{100\ \mathrm{V}}{10\ \Omega} = 10\ \mathrm{A}$$

よって，抵抗 8 Ωの両端の電圧 V は，

$$8\ \Omega \times 10\ \mathrm{A} = 80\ \mathrm{V}$$

したがって，**ニ**である。

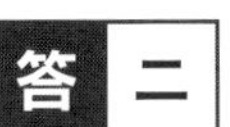
答 ニ

解答05

下図より，直流回路に流れる電流は，

$$I = \frac{16\ \mathrm{V}}{4\ \Omega} = 4\ \mathrm{A}$$

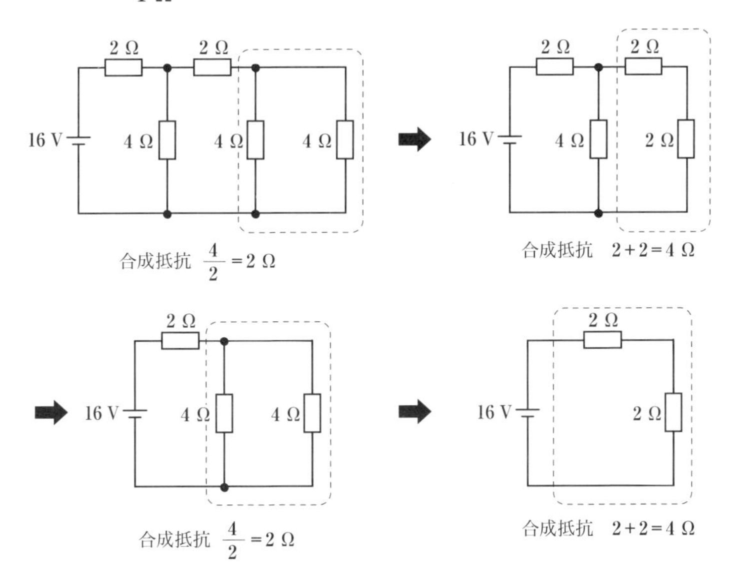

したがって，**ハ**である。

答 ハ

問題06

抵抗率 ρ［Ω・m］，直径 D［mm］，長さ L［m］の導線の電気抵抗［Ω］を表す式は。

イ．$\dfrac{4\rho L}{\pi D^2} \times 10^6$

ロ．$\dfrac{\rho L^2}{\pi D^2} \times 10^6$

ハ．$\dfrac{4\rho L}{\pi D} \times 10^6$

ニ．$\dfrac{4\rho L^2}{\pi D} \times 10^6$

令和５年（上期）午前２出題
同問：令和３年（下期）午後２，平成29年（下期）３，平成27年（下期）３

電熱器により，90 kg の水の温度を 20 K 上昇させるのに必要な電力量［kW・h］は。

ただし，水の比熱は 4.2 kJ/(kg・K）とし，熱効率は 100％とする。

イ．0.7　　ロ．1.4　　ハ．2.1　　ニ．2.8

令和４年（下期）午前３出題
類問：平成30年（下期）４

解答 06

導体抵抗を R［Ω］，抵抗率を ρ［Ω・m］，長さを L［m］，断面積を S［m²］とすると（単位に注意），$R = \dfrac{\rho L}{S}$［Ω］で表される。

直径 D［mm］を［m］に換算すると，$D \times 10^{-3}$［m］なので，

$$R = \frac{\rho L}{\pi\left(\dfrac{D}{2} \times 10^{-3}\right)^2} = \frac{\rho L}{\dfrac{\pi D^2 \times 10^{-6}}{4}} = \frac{4\rho L}{\pi D^2 \times 10^{-6}}$$

$$= \frac{4\rho L}{\pi D^2} \times 10^6$$

したがって，**イ**である。

答 イ

解答 07

水の比熱は 4.2［kJ/（kg・K）］➡ 水 1 kg を 1 K 上昇させるためには，4.2［kJ］のエネルギーが必要である。

温度単位 K（ケルビン）は，絶対温度 ➡「20 K 上昇」，これは「20 ℃上昇」と同じ意味である。

水 90 kg を 1 K 上昇させるためには，4.2 × 90 = 378［kJ］のエネルギーが必要である。

さらに，水 90 kg を 20 K 上昇させるためには，378 × 20 = 7 560［kJ］のエネルギーが必要である。

1［W・h］ = 3 600［J］➡ 1［kW・h］ = 3 600［kJ］

それゆえ，$\dfrac{7\,560\text{［kJ］}}{3\,600\text{［kJ/（kW・h）］}} = 2.1$［kW・h］

したがって，**ハ**である。

答 ハ

抵抗に 100 V の電圧を 2 時間 30 分加えたとき，電力量が 4 kW・h であった。抵抗に流れる電流［A］は。

イ．16　　ロ．24　　ハ．32　　ニ．40

令和５年（上期）午前３出題

問題 09

図のような抵抗とリアクタンスとが直列に接続された回路の消費電力［W］は。

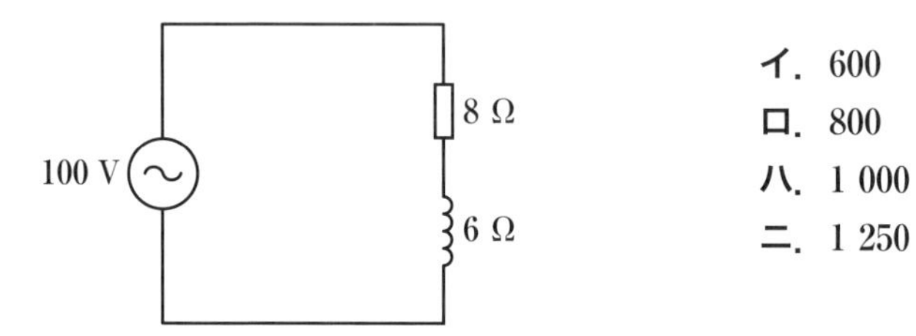

イ．600
ロ．800
ハ．1 000
ニ．1 250

令和３年（下期）午前４出題

問題 10

定格電圧 V［V］，定格電流 I［A］の三相誘導電動機を定格状態で時間 t［h］の間，連続運転したところ，消費電力量が W［kW・h］であった。この電動機の力率［%］を表す式は。

イ．$\dfrac{W}{3VIt} \times 10^5$　　ロ．$\dfrac{\sqrt{3}VI}{Wt} \times 10^5$

ハ．$\dfrac{3VI}{W} \times 10^5$　　ニ．$\dfrac{W}{\sqrt{3}VIt} \times 10^5$

令和２年（下期）午前５出題
類問：平成 28 年（上期）5，平成 24 年（上期）5

解答 08

抵抗に流れる電流を I［A］とする。

電力 P［W］$= VI = 100 \times I$ ➡ P［kW］$= \dfrac{100 \times I}{1\,000}$
$= 0.1 \times I$

2時間30分➡ $2 \times \dfrac{30}{60} = 2.5$ 時間

電力量 $W = Pt$［kW・h］➡ $4 = (0.1 \times I) \times 2.5$
➡ $I = 16$ A

したがって，**イ**である。

答 イ

解答 09

図の回路に流れる電流 I［A］は，

$$I = \frac{100}{\sqrt{8^2 + 6^2}} = \frac{100}{10} = 10 \text{ A}$$

よって，回路の消費電力を P［W］，抵抗を R［Ω］とすると，

$P = I^2R$ より，$10 \times 10 \times 8 = 800$ W

したがって，**ロ**である。

答 ロ

解答 10

消費電力を P[kW］とすると，

$$P = \frac{\sqrt{3}VI}{1\,000} \times \frac{\cos\theta}{100} = \frac{\sqrt{3}VI\cos\theta}{10^5} \text{［kW］}$$

消費電力量 W［kW・h］は，

$$W = Pt = \frac{\sqrt{3}VI\cos\theta}{10^5} \times t \text{［kW・h］}$$

よって，$\cos\theta = \dfrac{W}{\sqrt{3}VIt} \times 10^5$［%］

したがって，**ニ**である。

答 ニ

問題 11　図のような回路で，電源電圧が 24 V，抵抗 $R = 4\ \Omega$ に流れる電流が 6 A，リアクタンス $X_L = 3\ \Omega$ に流れる電流が 8 A であるとき，回路の力率［%］は。

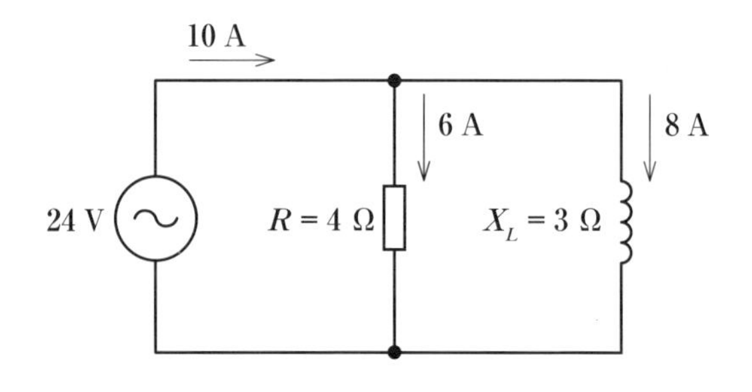

イ．43　　ロ．60　　ハ．75　　ニ．80

令和 3 年（上期）午後 4 出題
同問：平成 27 年（上期）2

問題 12　抵抗 R［Ω］に電圧 V［V］を加えると，電流 I［A］が流れ，P［W］の電力が消費される場合，抵抗 R［Ω］を示す式として，**誤っているものは**。

イ．$\dfrac{PI}{V}$　　ロ．$\dfrac{P}{I^2}$　　ハ．$\dfrac{V^2}{P}$　　ニ．$\dfrac{V}{I}$

令和 3 年（上期）午前 2 出題

解答 11　力率は，下式で示される。

$$力率［\%］ = \left(\frac{有効電力}{皮相電力}\right) \times 100$$

ここで，有効電力は 24 V × 6 A，皮相電力は 24 V × 10 A

$$力率 = \frac{24 \times 6}{24 \times 10} \times 100 = \frac{6}{10} \times 100 = 60［\%］$$

したがって，**ロ**である。

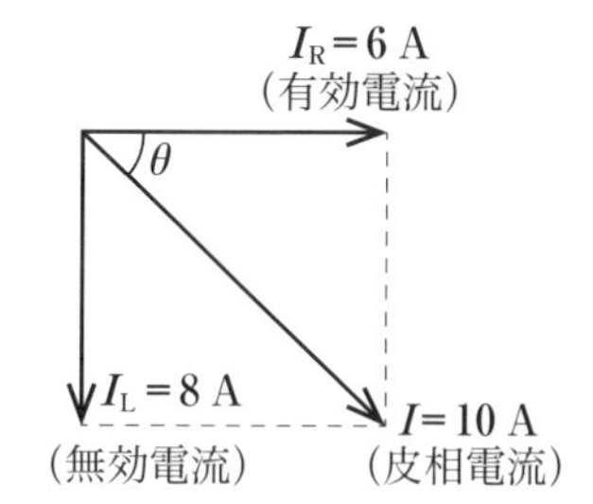

【別解】

抵抗を流れる電流を I_R，リアクタンスを流れる電流を I_L，電源を流れる電流を I とすると右図のベクトル図になる。

ベクトル図より，力率 $\cos\theta = \frac{I_R}{I} \times 100 = \frac{6}{10} \times 100 = 60$［%］

答　ロ

解答 12　**イ**の $\frac{PI}{V}$ は，$P = IV$ を代入すると，$\frac{VII}{V} = I^2$ となり，抵抗 R を表していない。

ロの $\frac{P}{I^2}$ は，$P = I^2R$ より，$R = \frac{P}{I^2}$ となり正しい。

ハの $\frac{V^2}{P}$ は，$I = \frac{P}{V}$ より，$R = \frac{V}{I} = \frac{V^2}{P}$ となり正しい。

ニの $\frac{V}{I}$ は，$V = IR$ より，$R = \frac{V}{I}$ となり正しい。

したがって，**イ**である。

答　イ

電線の接続不良により，接続点の接触抵抗が 0.5 Ωとなった。この電線に 20 A の電流が流れると，接続点から 1 時間に発生する熱量［kJ］は。

ただし，接触抵抗の値は変化しないものとする。

イ．72　　ロ．144　　ハ．720　　ニ．1 440

令和３年（上期）午前３出題
類問：令和２年（下期）午後 3，平成 30 年（上期）4，平成 28 年（上期）4

問題 14

図のような抵抗とリアクタンスとが並列に接続された回路の消費電力［W］は。

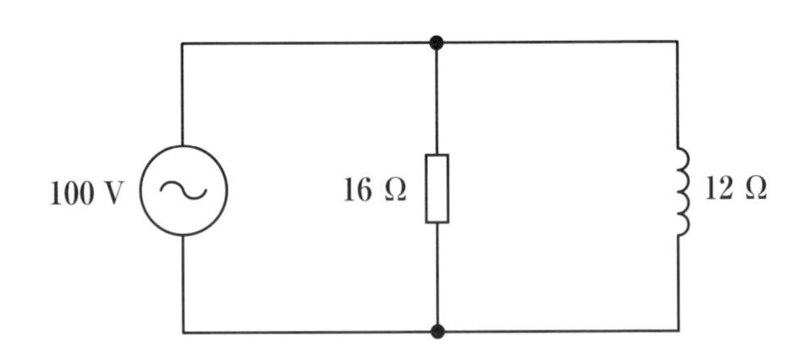

イ．500　　ロ．625　　ハ．833　　ニ．1 042

令和３年（上期）午前４出題
類問：令和５年（上期）午前４

解答 13 この接続不良部分の消費電力を P［kW］，抵抗を R［Ω］，電流を I［A］とすると，

$$P = I^2R \times 10^{-3} = \frac{20 \times 20 \times 0.5}{1\,000} = 0.2\ \mathrm{kW}$$

接続不良部分で発生する熱量［kJ］は，

$$0.2\ \mathrm{kW} \times 1\ \mathrm{h} = 0.2\ \mathrm{kW \cdot h}$$

$1\ \mathrm{kW \cdot h} = 3\,600\ \mathrm{kJ}$ なので，

$$0.2 \times 3\,600 = 720\ \mathrm{kJ}$$

したがって，**ハ**である。

答 ハ

解答 14 電力は抵抗を流れる電流と電源電圧の積で表される。回路図より，リアクタンスは電力を消費しないので，抵抗 16 Ωを流れる電流を I_r，消費電力を P［W］とすると，電源電圧が 100 V であるから，

$$I_r = \frac{100}{16} = 6.25\ \mathrm{A}$$

$$P = 100 \times 6.25 = 625\ \mathrm{W}$$

したがって，**ロ**である。

答 ロ

問題 15

直径 2.6 mm，長さ 20 m の銅導線と抵抗値が最も近い同材質の銅導線は。

イ．断面積 8 mm^2，長さ 40 m
ロ．断面積 8 mm^2，長さ 20 m
ハ．断面積 5.5 mm^2，長さ 40 m
ニ．断面積 5.5 mm^2，長さ 20 m

令和 3 年（上期）午後 2 出題
類問：2019 年（下期）2，平成 30 年（下期）3，平成 28 年（下期）3，平成 26 年（下期）3，
平成 25 年（下期）3

問題 16

図のような直流回路で，a − b 間の電圧［V］は。

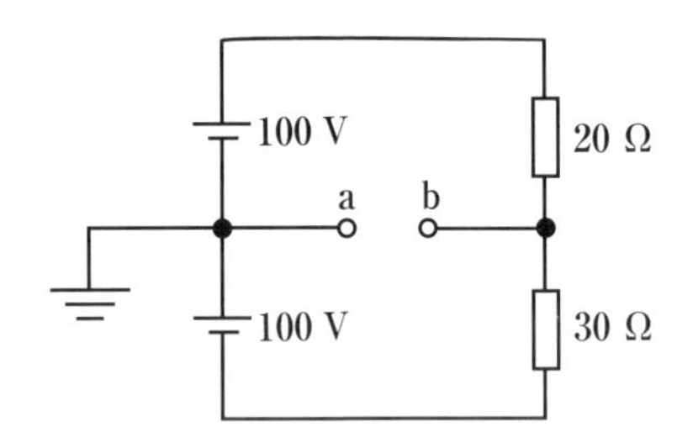

イ．10　ロ．20　ハ．30　ニ．40

令和 2 年（下期）午後 1 出題
同問：平成 25 年（上期）1
類問：平成 29 年（下期）1

解答 15

直径 2.6 mm の銅導線の断面積を S，直径を d とすると，

$$S = \pi\left(\frac{d}{2}\right)^2 = 3.14 \times \left(\frac{2.6}{2}\right)^2 = \frac{3.14 \times 2.6 \times 2.6}{4} = \frac{21.23}{4}$$

$$\fallingdotseq 5.3\ \mathrm{mm}^2$$

よって，長さも 20 m で同じであることから，**ニ**が近いことがわかる。

また，同一の長さの場合，直径 2.6 mm（48 A），断面積 5.5 mm^2（49 A）と電線の許容電流を記憶していれば，ほぼ同じであるので，答えは計算しなくても見当がつく。

したがって，**ニ**である。

答 ニ

解答 16

下図より，回路を流れる電流 I は，

$$I = \frac{V}{R} = \frac{100 + 100}{20 + 30} = 4\ \mathrm{A}$$

また，30 Ω の抵抗に加わる電圧 V_{bc} は，

$$V_{bc} = I \times 30 = 4 \times 30 = 120\ \mathrm{V}$$

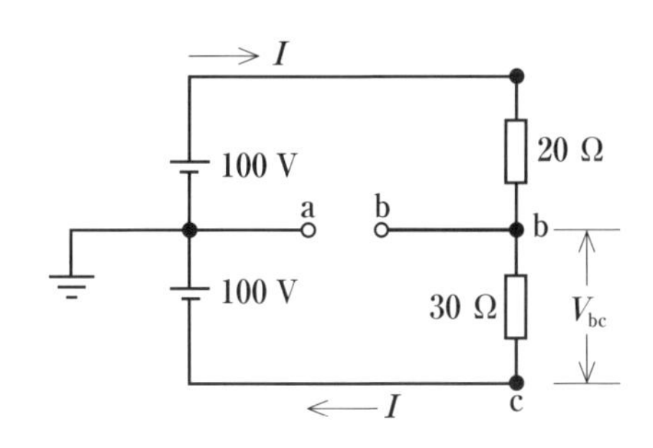

よって，a 点側の電圧が 100 V，b 点側の電圧が 120 V であるから，a － b 間の電圧 V_{ab} は，

$$V_{ab} = 120 - 100 = 20\ \mathrm{V}$$

したがって，**ロ**である。

答 ロ

単相 200 V の回路に，消費電力 2.0 kW，力率 80% の負荷を接続した場合，回路に流れる電流［A］は。

イ．7.2　　ロ．8.0　　ハ．10.0　　ニ．12.5

令和３年（下期）午後４出題
同問：平成 26 年（下期）５

消費電力が 300 W の電熱器を，2 時間使用したときの発熱量［kJ］は。

イ．600　　ロ．1 080　　ハ．2 160　　ニ．3 600

令和３年（下期）午前３出題

回路の消費電力を P [W]，電圧を V [V]，電流を I [A]，力率を $\cos\theta$ とすると，

$$P = V \times I \times \cos\theta \text{ [W]}$$

問題文では，消費電力 $P = 2.0\text{ kW} = 2\,000\text{ W}$，電圧 $V = 200\text{ V}$，力率 $\cos\theta = 0.8$ であるので，

$$I = \frac{P}{V \times \cos\theta} = \frac{2\,000}{200 \times 0.8} = 12.5\text{ A}$$

したがって，**ニ**である。

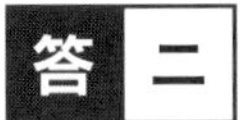

答 ニ

W を消費電力量［kW·h］，P を電力［kW］，t を時間［h］とすると，W［kW·h］は下式で表される。

$$W = Pt$$

電熱器で発生する熱量［kJ］は，

$$300\text{ W} \times 2\text{ h} = 600\text{ W·h}$$

$1\text{ W·h} = 3.6\text{ kJ}$ なので，

$$600 \times 3.6\text{ kJ/W·h} = 2\,160\text{ kJ}$$

したがって，**ハ**である。

答 ハ

問題19

図のような交流回路で，電源電圧 204 V，抵抗の両端の電圧が 180 V，リアクタンスの両端の電圧が 96 V であるとき，負荷の力率［%］は。

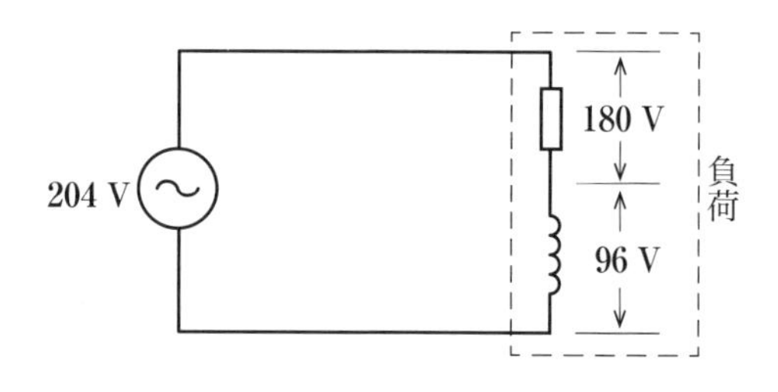

イ．35　　ロ．47　　ハ．65　　ニ．88

令和２年（下期）午後４出題
同問：平成 29 年（上期）2
類問：平成 28 年（下期）4，平成 26 年（上期）3

図のような交流回路の力率［%］を示す式は。

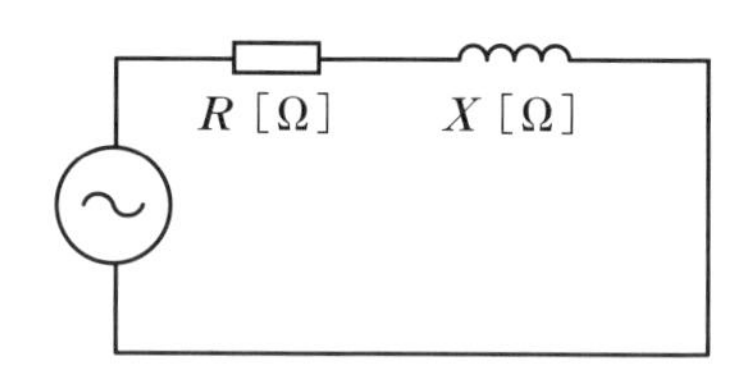

イ．$\dfrac{100\,RX}{R^2+X^2}$　　ロ．$\dfrac{100\,R}{\sqrt{R^2+X^2}}$　　ハ．$\dfrac{100\,X}{\sqrt{R^2+X^2}}$　　ニ．$\dfrac{100\,R}{R+X}$

令和２年（下期）午前４出題

解答 19

抵抗の端子電圧を V_r，リアクタンスの端子電圧を V_x，電源電圧を V，負荷電流を I としてベクトル図を描くと，下図のようになる。

ベクトル図より，力率 $\cos\theta = \frac{V_r}{V} = \frac{180}{204} \times 100 \fallingdotseq 88$［%］

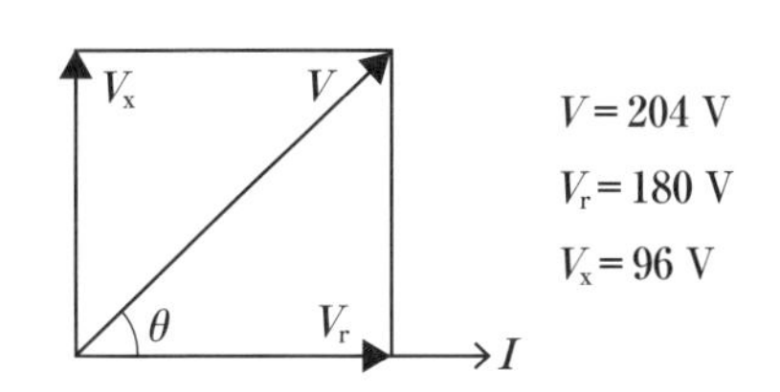

したがって，**ニ**である。

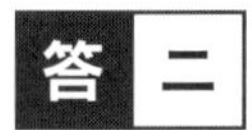

解答 20

図のような交流回路の力率［%］を表す式は，以下のようになる。

$$\cos\theta = \frac{R}{Z} \times 100 \text{［%］}$$

ただし，$Z = \sqrt{R^2 + X^2}$

よって，

$$\cos\theta = \frac{R}{Z} \times 100 = \frac{100R}{\sqrt{R^2 + X^2}}$$

したがって，**ロ**である。

問題 21　図のような回路で，端子 a － b 間の合成抵抗［Ω］は。

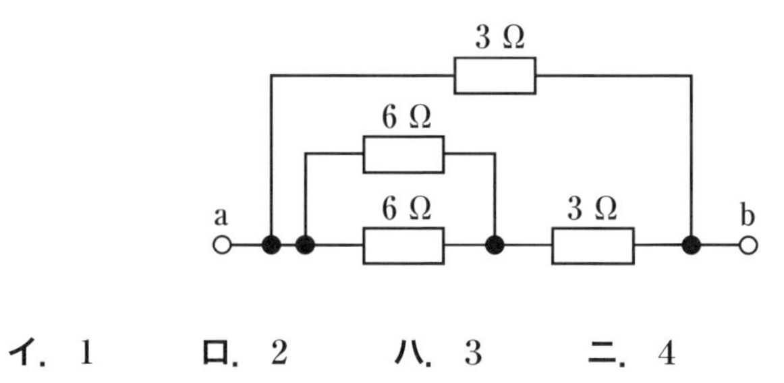

イ．1　　ロ．2　　ハ．3　　ニ．4

2019 年（下期）1 出題
類問：令和 5 年（上期）午後 1

問題 22　図のような回路で，スイッチ S を閉じたとき，a － b 端子間の電圧［V］は。

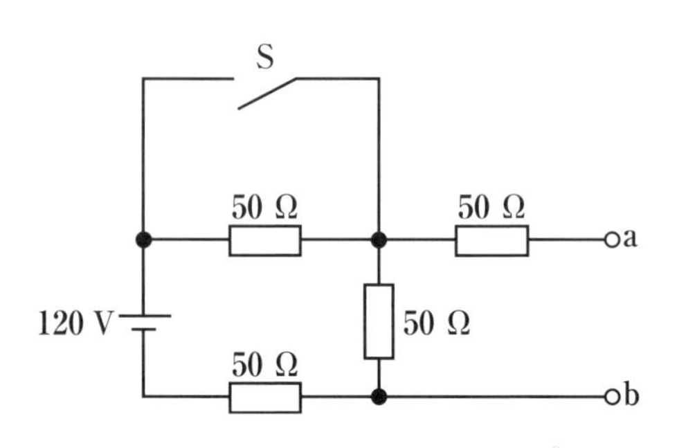

イ．30　　ロ．40　　ハ．50　　ニ．60

2019 年（上期）1 出題
同問：平成 27 年（下期）1
類問：令和 5 年（上期）午前 1

解答 21 問題の図より，6 Ωと6 Ωの並列合成抵抗は，

$$\frac{6\times6}{6+6}=\frac{36}{12}=3\ \Omega$$

上記の結果より，回路図は下記のようになる。

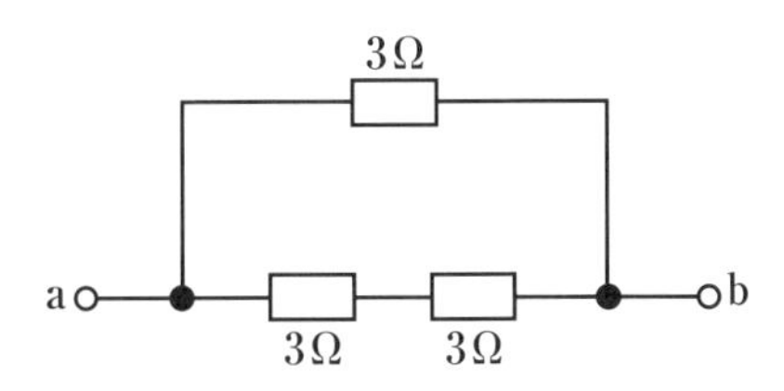

よって，a − b 間の合成抵抗 R は，

$$R=\frac{3\times(3+3)}{3+(3+3)}=\frac{18}{9}=2\ \Omega$$

したがって，**ロ**である。

答 ロ

解答 22 問題の回路図はスイッチ S を閉じると，下図のようになる。

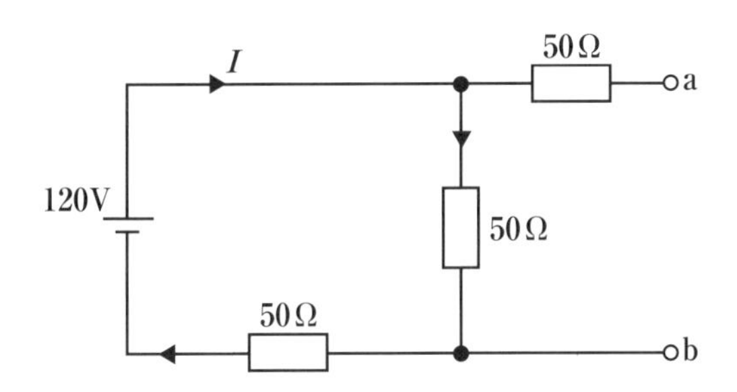

回路図より電流 I を求めると，

$$I=\frac{120}{50+50}=\frac{120}{100}\ \mathrm{A}$$

よって，a − b 間の端子電圧 V_{ab} は抵抗が 50 Ωであることから，

$$V_{ab}=I\times50=\frac{120}{100}\times50=\frac{120}{2}=60\ \mathrm{V}$$

したがって，**ニ**である。

答 ニ

コイルに 100 V，50 Hz の交流電圧を加えたら 6 A の電流が流れた。このコイルに 100 V，60 Hz の交流電圧を加えたときに流れる電流［A］は。

ただし，コイルの抵抗は無視できるものとする。

イ．4　　ロ．5　　ハ．6　　ニ．7

平成 30 年（上期）2 出題
同問：平成 27 年（下期）2

図のような交流回路で，負荷に対してコンデンサ C を設置して，力率を 100%に改善した。このときの電流計の指示値は。

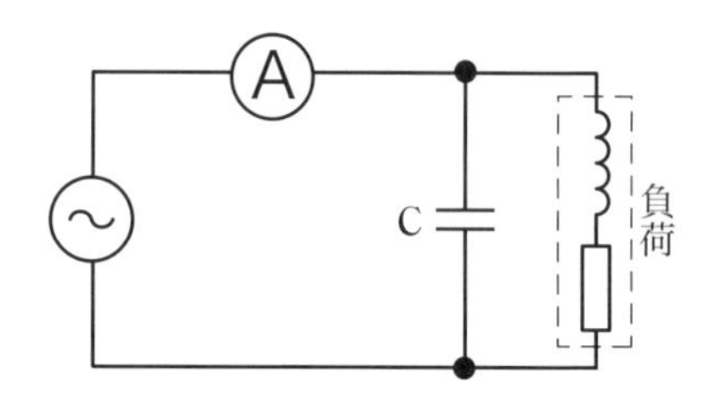

イ．零になる。
ロ．コンデンサ設置前と比べて変化しない。
ハ．コンデンサ設置前と比べて増加する。
ニ．コンデンサ設置前と比べて減少する。

平成 29 年（上期）4 出題
同問：平成 27 年（上期）4，平成 25 年（上期）4

解答 23

問題文より，誘導リアクタンス X_L を求めると，

$$X_L = \frac{V}{I} = \frac{100}{6}\ \Omega$$

ここで，$X_L = \omega L = 2\pi f \times L$（ただし，$\omega$：角周波数，$f$：電源の周波数）という関係から，自己インダクタンス L[H] を求めると，

$$L = \frac{100}{\omega \times 6} = \frac{100}{2\pi f \times 6} = \frac{100}{2 \times 3.14 \times 50 \times 6} \fallingdotseq 0.053\ \mathrm{H}$$

次に，100V，60H_Z の交流電圧を加えたとき，電流 I は，

$$I = \frac{L}{X_L} = \frac{100}{\omega L} = \frac{100}{2\pi f \times 0.053} = \frac{100}{2 \times 3.14 \times 60 \times 0.053}$$

$$= \frac{100}{19.97} \fallingdotseq 5\ \mathrm{A}$$

したがって，**ロ**である。

答 ロ

解答 24

電源電圧 $\dot{E}$ を基準にベクトルを描くと下図のようになる。

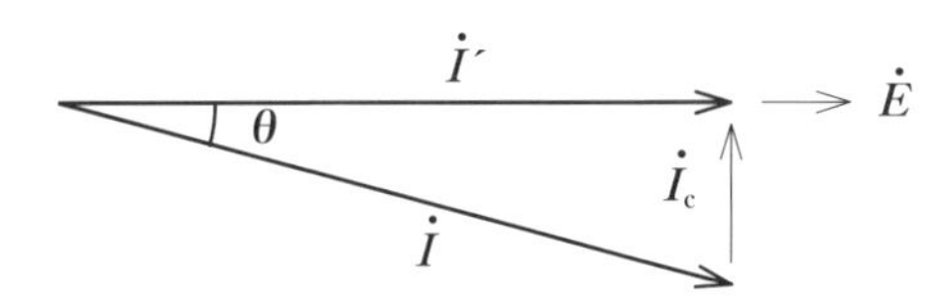

負荷電流 $\dot{I}$ は θ だけ位相が遅れて図のようになり，これが電流計の指示となる。

次にコンデンサ C を取り付けて，力率 100%に改善すると，電流計の指示は $\dot{I}'$ になる。

したがって，電流計の指示は減少するので，**ニ**になる。

答 ニ

2章 配電理論・設計のポイント

1. 電気の流れ（発電所から工場・ビル・家庭他へ）

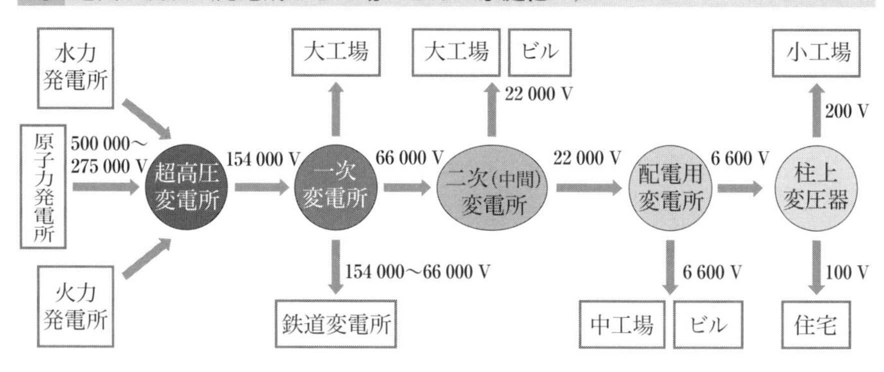

2. 電路の対地電圧の制限

- 住宅の屋内電路の対地電圧は，基本的には 150 V 以下。
- 定格消費電力が 2 kW 以上の電気機械器具やこれに電気を供給する屋内配線を以下を満たすように施設する場合, 対地電圧が 150 V を超えることが許される。
  - ①対地電圧は，300 V 以下であること
  - ②屋内配線には，簡易接触防護措置を施すこと　など

3. 低圧受電イメージ，配電方式

〈低圧受電のイメージ〉

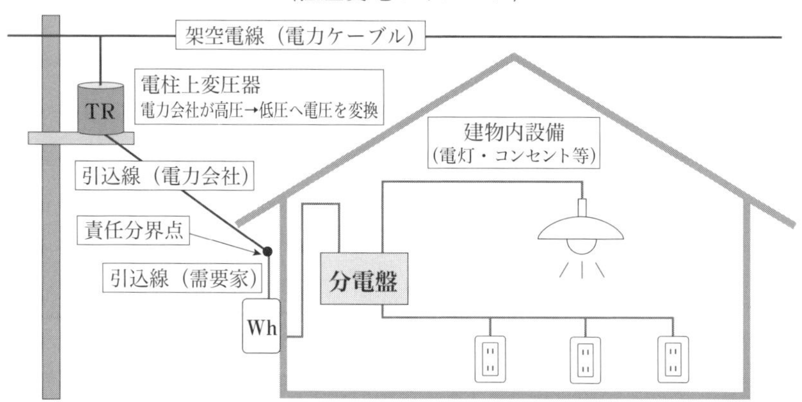

〈配電方式〉

単相2線式100 V

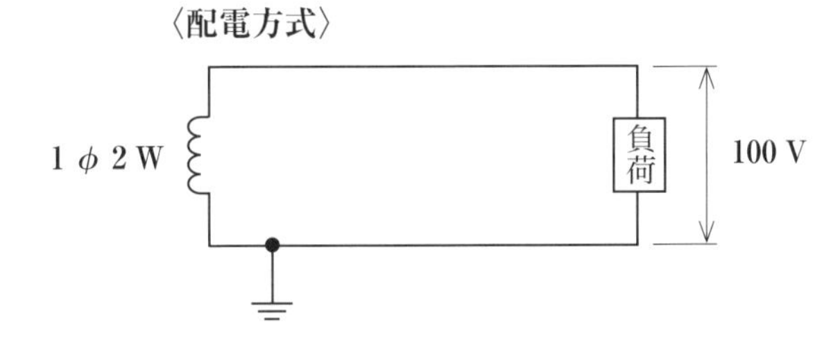

単相3線式100 V/200 V

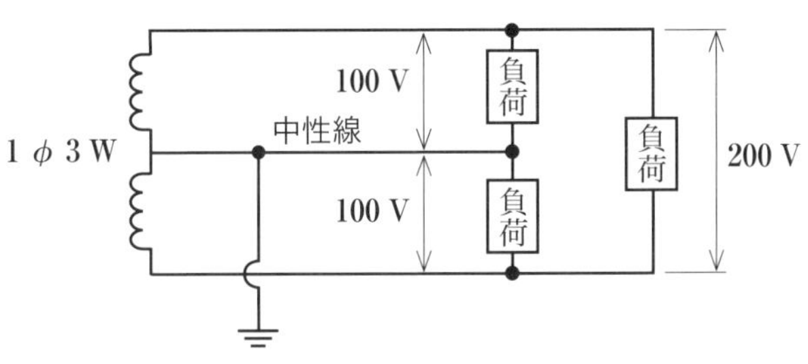

三相3線式200 V

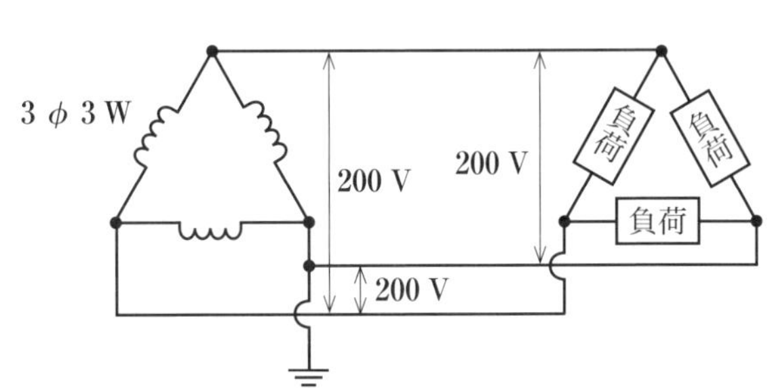

4. 低圧幹線の許容電流の最小値 I_W と過電流遮断器の定格電流の最大値 I_B

条件		幹線の許容電流の最小値 I_W
$I_M \leqq I_H$		$I_M + I_H$
$I_M > I_H$	$I_M \leqq 50$ A	$1.25 \times I_M + I_H$
	$I_M > 50$ A	$1.1 \times I_M + I_H$

条件		過電流遮断器の定格電流の最大値 I_B
電動機なし		I_W
電動機あり	$2.5\,I_W \geqq 3\,I_M + I_H$	$3\,I_M + I_H$
	$2.5\,I_W < 3\,I_M + I_H$	$2.5\,I_W$

I_M：電動機定格電流の合計［A］

I_H：電動機以外の定格電流の合計［A］

I_W：幹線の許容電流の最小値［A］

＊過電流遮断器の定格電流の最大値 $I_B >$ 幹線の許容電流の最小値 I_W

➡ $I_B < I_W$ なら，過電流遮断器が幹線の許容電流が流れる前に動作（トリップ）する

5. 三相交流回路

(1) スター結線

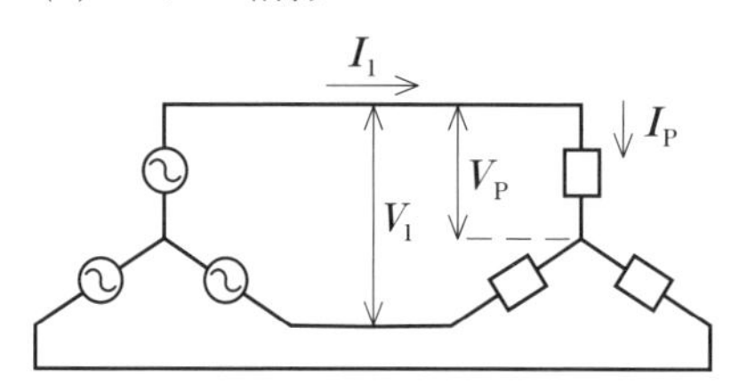

・線間電圧＝$\sqrt{3}$× 相電圧➡$V_1=\sqrt{3}\times V_P$
・線電流＝相電流➡$I_1=I_P$
・電力（各相の電力3倍）➡$P=3\times V_P I_P \cos\theta$

(2) デルタ結線

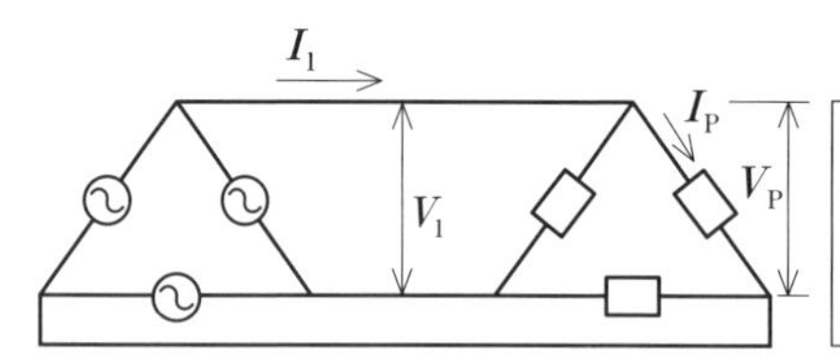

・線間電圧＝相電圧➡$V_1=V_P$
・線電流＝$\sqrt{3}$× 相電流➡$I_1=\sqrt{3}\times I_P$
・電力（各相の電力3倍）➡$P=3\times V_P I_P \cos\theta$

6. 分岐回路と電線の太さ，接続可能なコンセント

分岐回路を保護する遮断器		電線の太さ	接続可能なコンセントの定格電流
種類	定格電流		
過電流遮断器	15 A 以下	1.6 mm（直径）	15 A 以下
配線用遮断器	15 A 超え，20 A 以下	1.6 mm（直径）	20 A 以下
過電流遮断器（配線用遮断器除く）	15 A 超え，20 A 以下	2.0 mm（直径）	20 A
過電流遮断器	20 A 超え，30 A 以下	2.6 mm（直径）	20 A 以上，30 A 以下
過電流遮断器	30 A 超え，40 A 以下	8 mm^2（断面積）	30 A 以上，40 A 以下
過電流遮断器	40 A 超え，50 A 以下	14 mm^2（断面積）	40 A 以上，50 A 以下

過電流遮断器の種類

①ヒューズ：溶断して回路を遮断
②配線用遮断器：機器内部に遮断回路を持っている
③漏電遮断器：配線用遮断器に漏電遮断機能がついている

7. 電線を金属管に通す場合の許容電流と電流減少係数

単線		より線	
太さ	許容電流	太さ	許容電流
1.6mm	27A	$2mm^2$	27A
2mm	35A	$3.5mm^2$	37A
2.6mm	48A	$5.5mm^2$	49A

電線本数	電流減少係数
3本以下	0.7
4本	0.63
5本・6本	0.56

↓ 0.07下がる
↓ 0.07下がる

8. 単相2線式電路の電圧降下と電力損失

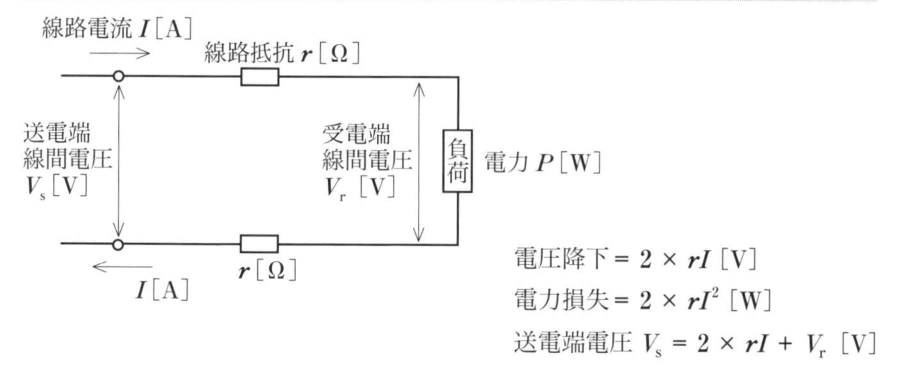

電圧降下 = $2 \times rI$ [V]

電力損失 = $2 \times rI^2$ [W]

送電端電圧 $V_s = 2 \times rI + V_r$ [V]

9. 単相3線式電路の電圧降下と電力損失（平衡負荷）

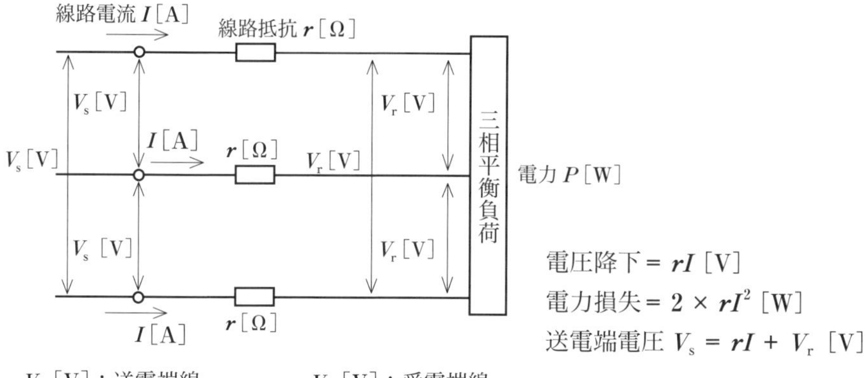

電圧降下 = rI [V]

電力損失 = $2 \times rI^2$ [W]

送電端電圧 $V_s = rI + V_r$ [V]

V_s [V]：送電端線間電圧

V_r [V]：受電端線間電圧

＊平衡負荷➡中性線に電流が流れない➡電線2本分で考える

問題01

図のような単相２線式電線路において，線路の長さは50 m，負荷電流は25 Aで，抵抗負荷が接続されている。線路の電圧降下（$V_s - V_r$）を4 V以内にするための電線の最小太さ（断面積）[mm^2]は。

ただし，電線の抵抗は表のとおりとする。

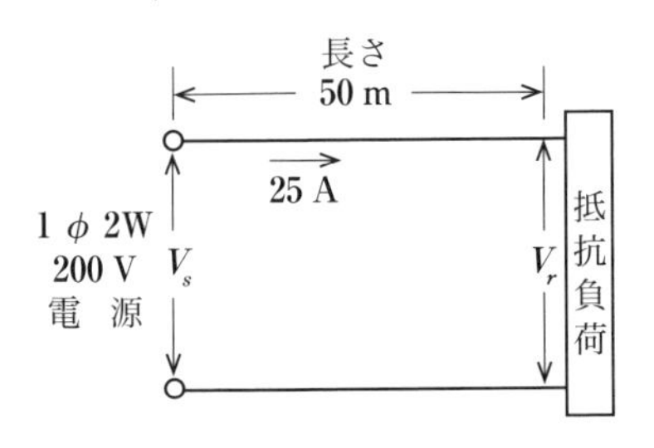

電線の太さ [mm^2]	1 km当たりの導体抵抗 [Ω/km]
5.5	3.33
8	2.31
14	1.30
22	0.82

イ．5.5　　ロ．8　　ハ．14　　ニ．22

令和４年（下期）午前６出題

問題02

図１のような単相２線式回路を，図２のような単相３線式回路に変更した場合，配線の電力損失はどうなるか。

ただし，負荷電圧は100 V一定で，負荷A，負荷Bはともに消費電力1 kWの抵抗負荷で，電線の抵抗は１線当たり0.2 Ωとする。

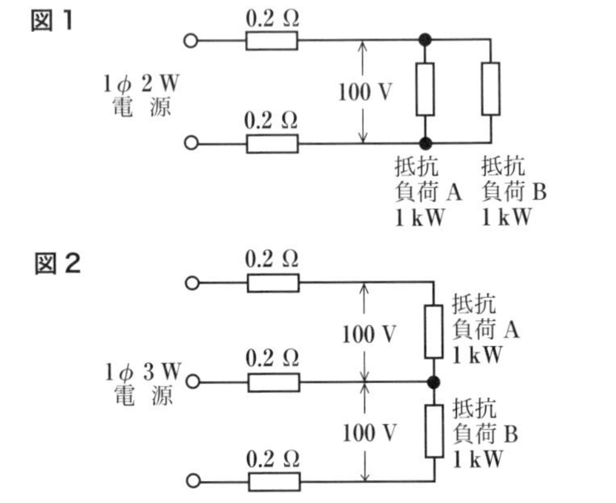

イ．0になる。

ロ．小さくなる。

ハ．変わらない。

ニ．大きくなる。

令和５年（上期）午前７出題

解答 01

電圧降下 = 2 × rI [V]

$V_s - V_r = 2 \times rI$

$4 = 2 \times r \times 25 = 50r$

$r = \dfrac{4}{50} = 0.08$

$r = 0.08\ \Omega$は，50 m の抵抗

1 km（1 000 m）の抵抗は，$0.08 \times \dfrac{1\,000}{50} = 1.6\ \Omega$

問題の表より，1 km 当たりの導体抵抗［Ω /km］が 1.6 Ω以下の電線の太さは 14 mm^2 である。

したがって，**ハ**である。

1. 図 1 の単相 2 線式回路の配線の電力損失

   消費電力は，1 + 1 = 2 kW ➡ 2 000 W

   配線に流れる電流は，$\dfrac{2\,000\ \text{W}}{100\ \text{V}} = 20\ \text{A}$

   配線の電力損失は，$2rI^2 = 2 \times 0.2\ \Omega \times 20\ \text{A} \times 20\ \text{A}$

   $= 160\ \text{W}$

2. 図 2 の単相 3 線式回路の配線の電力損失

   抵抗負荷は 1 kW で同じでバランスが取れている➡中性線に電流は流れない。

   それぞれの消費電力は，1 kW ➡ 1 000 W

   それぞれの配線に流れる電流は，$\dfrac{1\,000\ \text{W}}{100\ \text{V}} = 10\ \text{A}$

   配線の電力損失は，$2 \times 0.2\ \Omega \times 10\ \text{A} \times 10\ \text{A} = 40\ \text{W}$（中性線に電流は流れないため）

図 1 のような単相 2 線式回路を，図 2 のような単相 3 線式回路に変更した場合，配線の電力損失は小さくなる。

したがって，**ロ**である。

図のような三相 3 線式回路の全消費電力［kW］は。

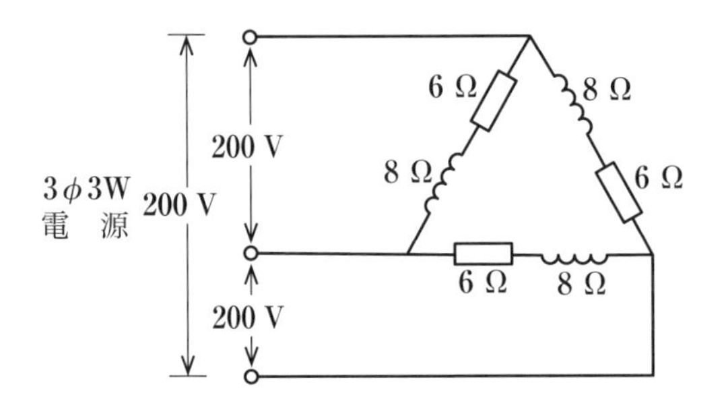

イ．2.4　　ロ．4.8　　ハ．7.2　　ニ．9.6

令和 4 年（上期）午前 5 出題
同問：平成 29 年（下期）5，平成 26 年（上期）5
類問：令和 5 年（上期）午前 5，令和 4 年（上期）午後 5，2019 年（上期）5

問題04

図のような単相 3 線式回路において，消費電力 1 000 W，200 W の 2 つの負荷はともに抵抗負荷である。図中の×印点で断線した場合，a − b 間の電圧［V］は。

ただし，断線によって負荷の抵抗値は変化しないものとする。

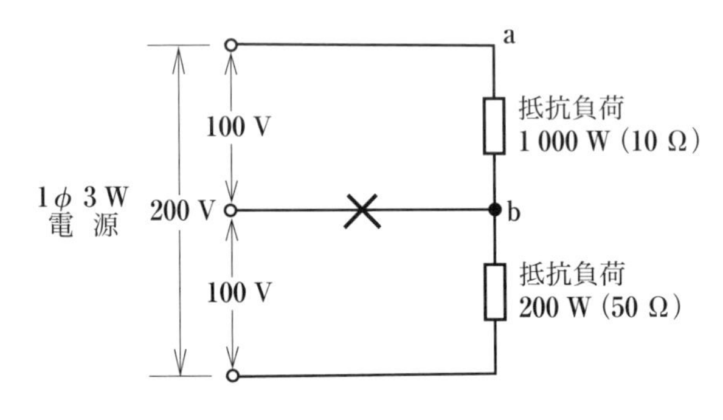

イ．17　　ロ．33　　ハ．100　　ニ．167

令和 4 年（上期）午前 7 出題
同問：平成 28 年（上期）7
類問：令和 3 年（上期）午後 7，2019 年（下期）6，平成 26 年（下期）8，平成 24 年（下期）8

初めに1相当たりの消費電力（抵抗 R で消費される電力）を算出し，それを3倍し全消費電力を求める。

1相のインピーダンス

$$Z = \sqrt{8^2 + 6^2} = 10\ \Omega$$

1相の相電流

$$I = \frac{V}{Z} = \frac{200}{10} = 20\ \mathrm{A}$$

1相の消費電力

$$P_1 = I^2R = 20\ \mathrm{A} \times 20\ \mathrm{A} \times 6\ \Omega = 2\,400\ \mathrm{W} \Rightarrow 2.4\ \mathrm{kW}$$

よって，全消費電力 $P_3 = 2.4\ \mathrm{kW} \times 3 = 7.2\ \mathrm{kW}$

したがって，**ハ**である。

答 ハ

2

配電理論・設計

問題より，中性線が断線した回路は下図のようになる。

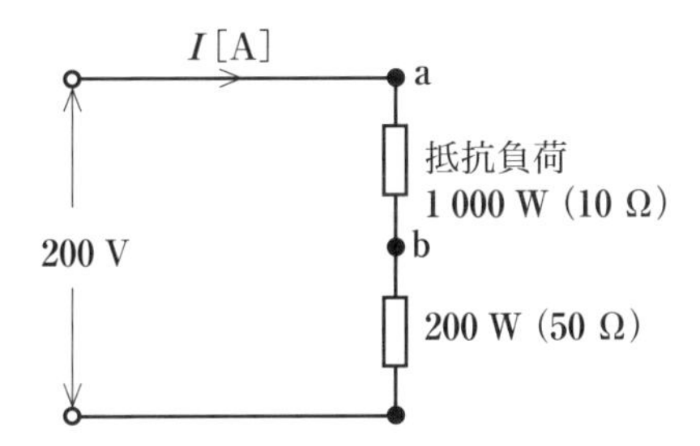

図より，線路電流 I [A] は，

$$I = \frac{200}{10 + 50} = \frac{200}{60} = \frac{10}{3}\ \mathrm{A}$$

a − b の電圧 V_{ab} は，

$$V_{ab} = \frac{10}{3} \times 10 = \frac{100}{3} \fallingdotseq 33.3\ \mathrm{V}$$

したがって，**ロ**である。

答 ロ

図のような三相3線式回路で，電線1線当たりの抵抗が 0.15 Ω，線電流が 10A のとき，この電線路の電力損失［W］は。

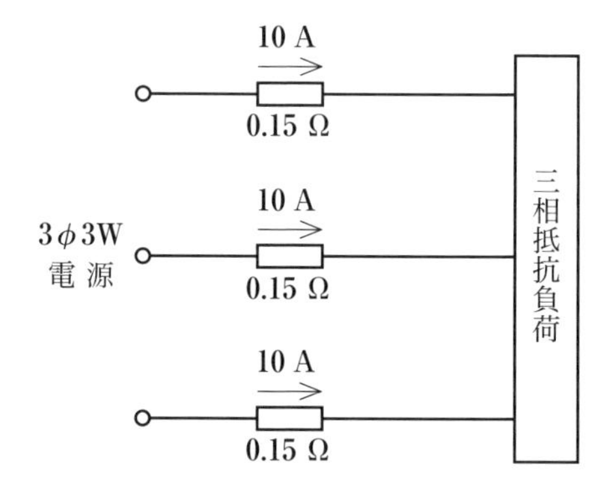

イ．15　　ロ．26　　ハ．30　　ニ．45

令和5年（上期）午前6出題
同問：令和4年（上期）午前6，平成27年（上期）6
類問：平成26年（下期）7

金属管による低圧屋内配線工事で，管内に直径 2.0 mm の 600 V ビニル絶縁電線（軟銅線）4本を収めて施設した場合，電線1本当たりの許容電流［A］は。

ただし，周囲温度は 30 ℃以下，電流減少係数は 0.63 とする。

イ．22　　ロ．31　　ハ．35　　ニ．38

令和4年（上期）午前8出題
類問：令和3年（下期）午前8，令和3年（上期）午前8，令和2年（下期）午後8，
2019年（下期）8

解答05

1 相の電力損失 $P_1 = V \times I = I^2 \times R = 10 \times 10 \times 0.15 = 15$ W
3 相の電力損失 $P_3 = 3 \times 15 = 45$ W
したがって，**ニ**である。

電技解釈第 146 条により，直径 2.0 mm の 600 V ビニル絶縁電線（軟銅線）1 本当たりの許容電流は 35 A である。

※ 33 ページの「7．電線を金属管に通す場合の許容電流と電流減少係数」参照

4 本収めて施設した場合，電線 1 本当たりの許容電流［A］は，これに電流減少係数を掛けて求められる。

35 A × 0.63 = 22.05 A ➡ 約 22 A

したがって，**イ**である。

答 イ

問題07

定格電流12Aの電動機5台が接続された単相2線式の低圧屋内幹線がある。この幹線の太さを決定するための根拠となる電流の最小値［A］は。

ただし，需要率は80%とする。

イ．48　　ロ．60　　ハ．66　　ニ．75

令和4年（上期）午前9出題
同問：令和2年（下期）午後9，平成27年（上期）8
類問：平成24年（下期）9

問題08

定格電流30 Aの配線用遮断器で保護される分岐回路の電線（軟銅線）の太さと，接続できるコンセントの図記号の組合せとして，**適切なものは**。

ただし，コンセントは兼用コンセントではないものとする。

イ．断面積 5.5 mm² ⊖2

ロ．断面積 3.5 mm² ⊖3

ハ．直径 2.0 mm ⊖20 A

ニ．断面積 5.5 mm² ⊖20 A 2

令和4年（上期）午前10出題
類問：令和3年（下期）午後10，2019年（下期）10，平成25年（上期）10

電動機の合計電流 I_m は，

$$I_m = 12 \times 5 = 60\ \mathrm{A}$$

需要率が 80%なので，

$$60 \times 0.8 = 48\ \mathrm{A}$$

電技解釈第 148 条第 1 項第二号イにより，「電動機等の定格電流の合計が 50 A 以下の場合は，その定格電流の合計の 1.25 倍」と規定されている。$I_m = 48\ \mathrm{A}$ で，$I_m \leqq 50\ \mathrm{A}$ であるので，幹線の許容電流 I_w は，

$$I_w = 1.25 \times I_m = 1.25 \times 48 = 60\ \mathrm{A}$$

したがって，**ロ**の 60 になる。

答 ロ

定格電流 30 A の配線用遮断器で保護される分岐回路の電線（軟銅線）の太さは，下表より直径 2.6 mm（実断面積 5.31 mm^2）以上で接続できるコンセントは定格電流が 20 A 以上 30 A 以下のものである。

したがって，**ニ**である。

分岐回路を保護する遮断器		電線の太さ	接続可能なコンセントの定格電流
種類	定格電流		
過電流遮断器	15A 以下	1.6mm（直径）	15A 以下
配線用遮断器	15A 超え，20A 以下	1.6mm（直径）	20A 以下
過電流遮断器（配線用遮断器除く）	15A 超え，20A 以下	2.0mm（直径）	20A
過電流遮断器	**20A 超え，30A 以下**	**2.6mm**（直径）	**20A 以上，30A 以下**
過電流遮断器	30A 超え，40A 以下	8mm^2（断面積）	30A 以上，40A 以下
過電流遮断器	40A 超え，50A 以下	14mm^2（断面積）	40A 以上，50A 以下

過電流遮断器の種類

①ヒューズ：溶断して回路を遮断

②配線用遮断器：機器内部に遮断回路を持っている

③漏電遮断器：配線用遮断器に漏電遮断機能がついている

答 ニ

図のような電熱器 Ⓗ 1 台と電動機 Ⓜ 2 台が接続された単相 2 線式の低圧屋内幹線がある。この幹線の太さを決定する根拠となる電流 I_W［A］と幹線に施設しなければならない過電流遮断器の定格電流を決定する根拠となる電流 I_B［A］の組合せとして，**適切なものは**。

ただし，需要率は 100％とする。

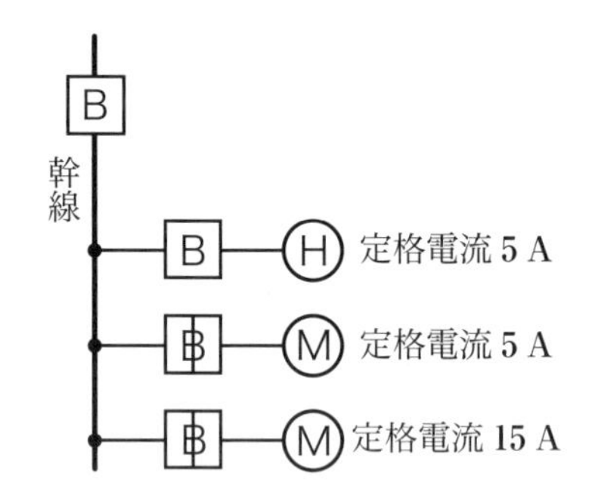

イ．	ロ．	ハ．	ニ．
I_W 27	I_W 27	I_W 30	I_W 30
I_B 55	I_B 65	I_B 55	I_B 65

令和 3 年（下期）午後 9 出題
類問：令和 3 年（上期）午前 9，令和 2 年（下期）午前 9，平成 29 年（下期）8，
平成 29 年（上期）8

電技解釈第148条による。

【幹線の太さを決める根拠となる電流の最小値 I_W［A］の求め方】

1. 電動機（始動電流が大きい負荷）の定格電流の合計 I_M，その他の負荷（始動電流が大きくない負荷）の定格電流の合計 I_H をそれぞれ求める。

$$I_M = 5 + 15 = 20\ \text{A}$$

$$I_H = 5\ \text{A}$$

2. 上記で求めた I_H と I_M を比較し，

$I_M \leqq I_H$ の場合➡ $I_W = I_M + I_H$

$I_M > I_H$ の場合　① $I_M > 50\ \text{A}$ ➡ $I_W = 1.1 \times I_M + I_H$

② $I_M \leqq 50\ \text{A}$ ➡ $I_W = 1.25 \times I_M + I_H$ ➡ 採用

$$\underline{I_W = 1.25 \times 20 + 5 = \mathbf{30}\ \text{A}}$$

【幹線に施設しなければならない過電流遮断器の定格電流の最大値 I_B［A］の求め方】

1. 電動機がない場合

$$I_B = I_W$$

2. 電動機がある場合（下記①②の小さいほうを選択）

① $I_B = 3I_M + I_H = \underline{3 \times 20 + 5 = \mathbf{65}\ \text{A}}$ ➡ 採用

② $I_B = 2.5 \times I_W = 2.5 \times 30 = 75\ \text{A}$

したがって，I_W が30，I_B が65の**ニ**になる。

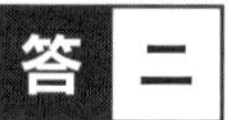

2 配電理論・設計

低圧屋内配線の分岐回路の設計で，配線用遮断器，分岐回路の電線の太さ及びコンセントの組合せとして，**不適切なものは**。

ただし，分岐点から配線用遮断器までは 3 m，配線用遮断器からコンセントまでは 8 m とし，電線の数値は分岐回路の電線（軟銅線）の太さを示す。

また，コンセントは兼用コンセントではないものとする。

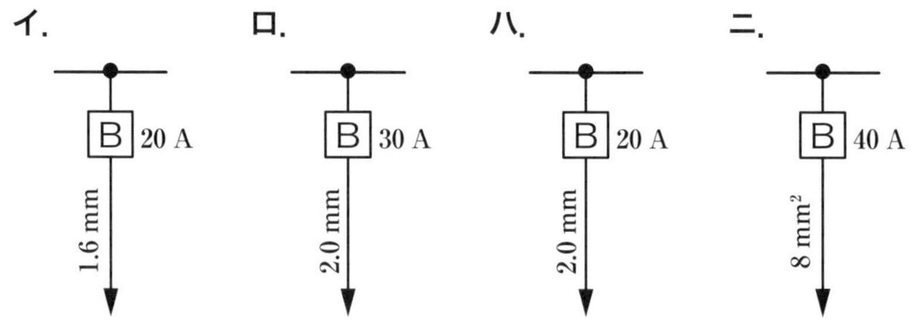

令和 3 年（上期）午後 10 出題
類問：令和 5 年（上期）午前 10，令和 3 年（上期）午前 10，令和 2 年（下期）午後 10，
令和 2 年（下期）午前 10，平成 30 年（下期）10

電技解釈第149条により，**ロ**の場合，30 Aの配線用遮断器に30 Aのコンセントを接続する場合，2.6 mmの電線でなければならない。

したがって，不適切なものは**ロ**である。

なお，イ，ハ，ニは，適切である。

分岐回路を保護する遮断器		電線の太さ	接続可能なコンセントの定格電流
種類	定格電流		
過電流遮断器	15A以下	1.6mm（直径）	15A以下
配線用遮断器	15A超え，20A以下	1.6mm（直径）	20A以下
過電流遮断器（配線用遮断器除く）	15A超え，20A以下	2.0mm（直径）	20A
過電流遮断器	**20A超え，30A以下**	**2.6mm**（直径）	**20A以上，30A以下**
過電流遮断器	30A超え，40A以下	$8mm^2$（断面積）	30A以上，40A以下
過電流遮断器	40A超え，50A以下	$14mm^2$（断面積）	40A以上，50A以下

過電流遮断器の種類

①ヒューズ：溶断して回路を遮断

②配線用遮断器：機器内部に遮断回路を持っている

③漏電遮断器：配線用遮断器に漏電遮断機能がついている

問題 11

合成樹脂製可とう電線管（PF 管）による低圧屋内配線工事で，管内に断面積 5.5 mm^2 の 600 V ビニル絶縁電線（軟銅線）7 本を収めて施設した場合，電線 1 本当たりの許容電流［A］は。

ただし，周囲温度は 30℃以下，電流減少係数は 0.49 とする。

イ．13　　ロ．17　　ハ．24　　ニ．29

令和 5 年（上期）午前 8 出題
同問：令和 3 年（上期）午前 8
類問：平成 24 年（上期）6

問題 12

図のような単相 2 線式回路において，c － c′ 間の電圧が 100 V のとき，a － a′ 間の電圧［V］は。

ただし，r は電線の電気抵抗［Ω］とする。

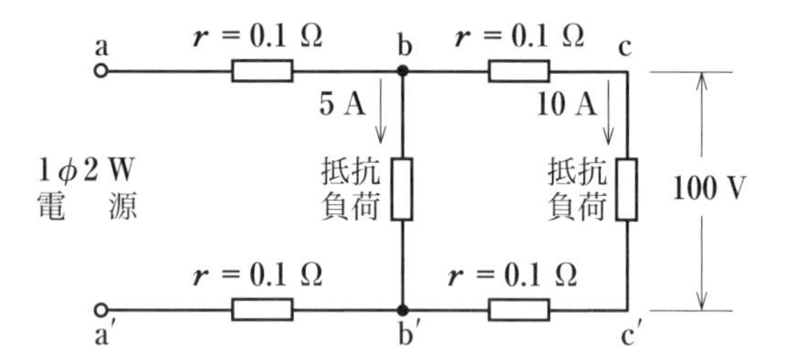

イ．102　　ロ．103　　ハ．104　　ニ．105

令和 3 年（下期）午後 6 出題
同問：2019 年（上期）6
類問：令和 3 年（上期）午後 6，平成 27 年（下期）6

解答 11 電技解釈第146条により，断面積5.5 mm^{2}の600 Vビニル絶縁電線の許容電流は49 Aである。

よって，電線1本の許容電流［A］は，電流減少係数が0.49であるから，

$$49 \times 0.49 = 24.01\ \text{A}$$

したがって，**ハ**である。

答 ハ

解答 12 b − b′間の電圧を$V_{bb'}$とすると，$V_{bb'}$はc − c′間の電圧100 Vに，b − cとb′ − c′間の線路電圧降下を加えたものであるので，

$$V_{bb'} = 100 + 2 \times 0.1 \times 10 = 102\ \text{V}$$

次に，a − a′間の電圧を$V_{aa'}$とすると，$V_{aa'}$はb − b′間の電圧$V_{bb'}$に，a − b間とa′ − b′間の線路電圧降下を加えたものであるから，

$$V_{aa'} = 102 + 2 \times 0.1 \times (5 + 10) = 102 + 3 = 105\ \text{V}$$

したがって，**ニ**である。

答 ニ

問題 13

図のような三相 3 線式回路に流れる電流 I［A］は。

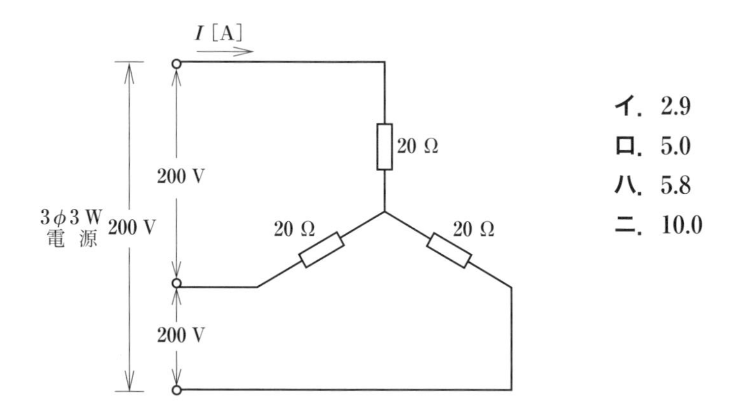

イ．2.9
ロ．5.0
ハ．5.8
ニ．10.0

令和 3 年（上期）午後 5 出題
同問：2019 年（下期）5，平成 24 年（下期）5
類問：令和 5 年（上期）午後 5，令和 3 年（下期）午後 5，平成 27 年（下期）5

問題 14

図のような単相 3 線式回路において，電線 1 線当たりの抵抗が 0.05 Ωのとき，a − b 間の電圧［V］は。

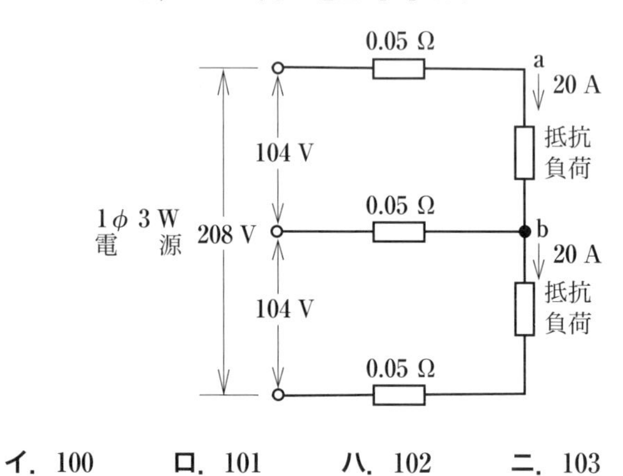

イ．100　　ロ．101　　ハ．102　　ニ．103

令和 3 年（下期）午前 7 出題
類問：平成 30 年（上期）7，平成 30 年（下期）7，平成 28 年（上期）6，平成 28 年（下期）6

解答 13　問題の図は，三相平衡回路であるから，一相の回路図は下図のようになる。

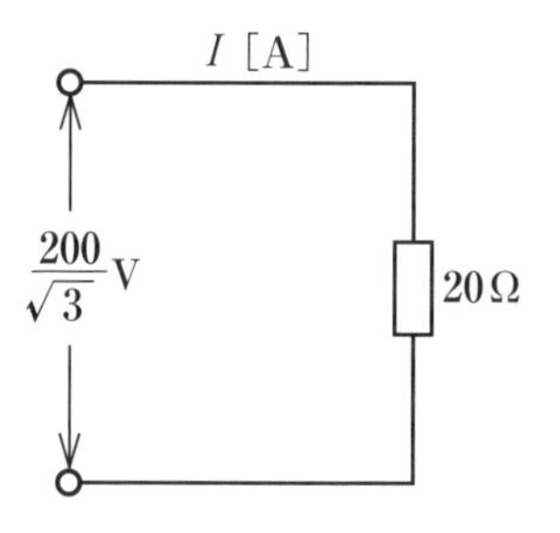

よって，電流 I［A］は，$I = \dfrac{\dfrac{200}{\sqrt{3}}}{20} = \dfrac{10}{1.73} \fallingdotseq 5.78\ \mathrm{A}$

したがって，**ハ**である。

答　ハ

解答 14　図の単相3線式回路において負荷が平衡しているため，中性線に電流は流れない。

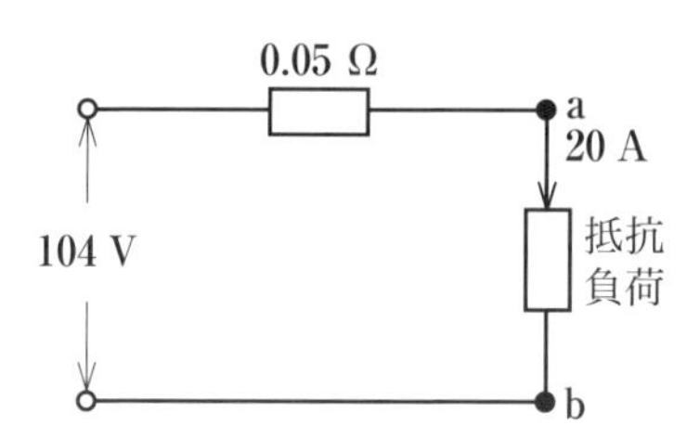

よって，中性線の電圧降下は0 Vであるから，a－b間の電圧 V_{ab}［V］は，抵抗を r［Ω］，a－b間の電流を I_{ab}［A］とすると，

$$V_{ab} = 104 - (r \times I_{ab}) = 104 - 0.05 \times 20 = 103\ \mathrm{V}$$

したがって，**ニ**である。

答　ニ

問題 15　図のように定格電流 100 A の過電流遮断器で保護された低圧屋内幹線から分岐して，6 m の位置に過電流遮断器を施設するとき，a − b 間の電線の許容電流の最小値［A］は。

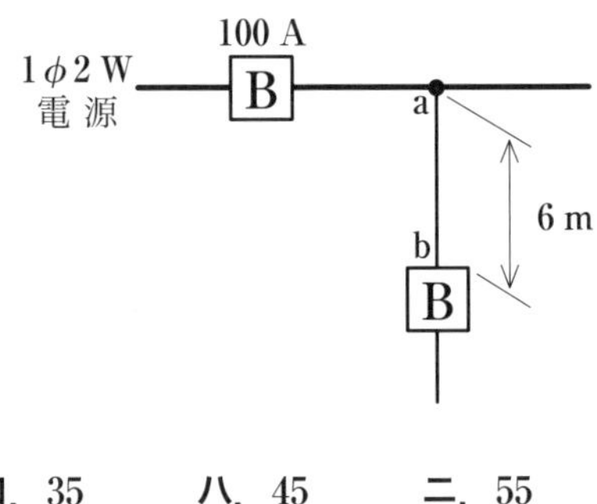

イ．25　　ロ．35　　ハ．45　　ニ．55

平成 30 年（上期）9 出題
類問：令和 5 年（上期）午後 9，令和 5 年（上期）午前 9，令和 3 年（上期）午後 9

参考

過電流遮断器の施設箇所

①分岐線許容電流 I_W が電線の遮断器の定格電流 I_B の **0.55 倍以上**
　➡分岐回路の過電流遮断器の設置場所の**制限なし**

②分岐線許容電流 I_W が電線の遮断器の定格電流 I_B の **0.55 倍未満**
　➡分岐回路の過電流遮断器の設置場所は分岐点から **8 m 以下**

③分岐線許容電流 I_W が電線の遮断器の定格電流 I_B の **0.35 倍未満**
　➡分岐回路の過電流遮断器の設置場所は分岐点から **3 m 以下**

解答 15 電技解釈第 149 条により，分岐回路の過電流遮断器の位置は，幹線から分岐した点からの距離が 6 m なので，a － b 間の許容電流は幹線を保護する過電流遮断器の定格電流の 35 % 以上としなければならない。

よって，幹線の過電流遮断器の定格電流を I_B［A］，a － b 間の許容電流を I_W［A］とすると，

$$I_W \geqq I_B \times 0.35 = 40 \times 0.35 = 35\ \text{A}$$

したがって，**ロ**である。

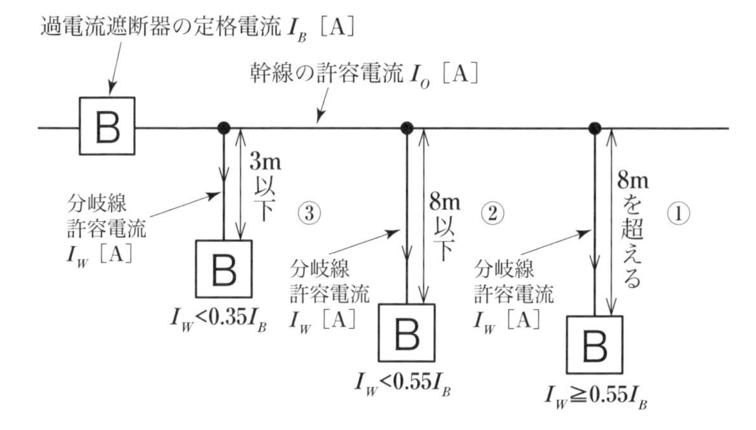

問題 16

図のような単相3線式回路で，スイッチaだけを閉じたときの電流計Ⓐの指示値 I_1［A］とスイッチa及びbを閉じたときの電流計Ⓐの指示値 I_2［A］の組合せとして，**適切なものは**。

ただし，Ⓗは定格電圧100 Vの電熱器である。

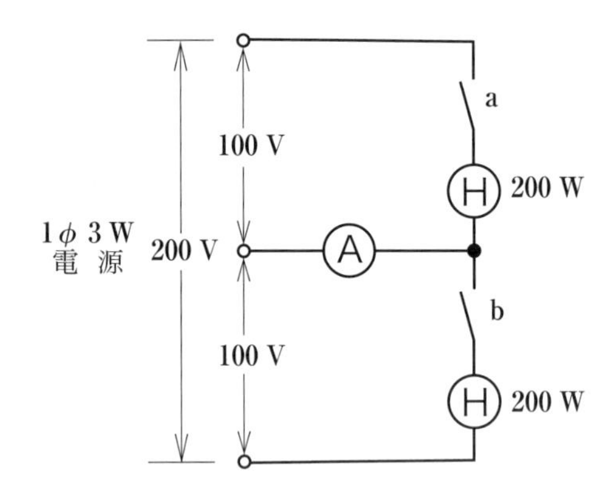

イ. I_1 2　I_2 2

ロ. I_1 2　I_2 0

ハ. I_1 2　I_2 4

ニ. I_1 4　I_2 0

令和3年（上期）午前6出題
類問：平成25年（上期）7

問題 17

漏電遮断器に関する記述として，**誤っているものは**。

イ. 高速形漏電遮断器は，定格感度電流における動作時間が0.1秒以下である。

ロ. 漏電遮断器は，零相変流器によって地絡電流を検出する。

ハ. 高感度形漏電遮断器は，定格感度電流が1 000 mA以下である。

ニ. 漏電遮断器には，漏電電流を模擬したテスト装置がある。

平成30年（下期）11出題
同問：平成28年（下期）11

図より，スイッチ a だけを閉じたときの電流計 Ⓐ の指示値 I_1[A] は，

$$I_1 = \frac{200}{100} = 2\ \text{A}$$

スイッチ a 及び b を閉じた場合の電流計 Ⓐ の指示値 I_2 [A] は，回路図より負荷が 200 W で平衡しているので，中性線には電流が流れない。

$$I_2 = 0\ \text{A}$$

したがって，$I_1 = 2$，$I_2 = 0$ の**ロ**になる。

内線規程 1375 − 2 表により，高感度形漏電遮断器の定格感度電流は，5，6，10，15，30 mA の 5 種類である。なお，1 000 mA 以下は，中感度形漏電遮断器である。

したがって，漏電遮断器に関する記述として，誤っているものは**ハ**である。

問題 18 図のような三相負荷に三相交流電圧を加えたとき，各線に 20 A の電流が流れた。線間電圧 E［V］は。

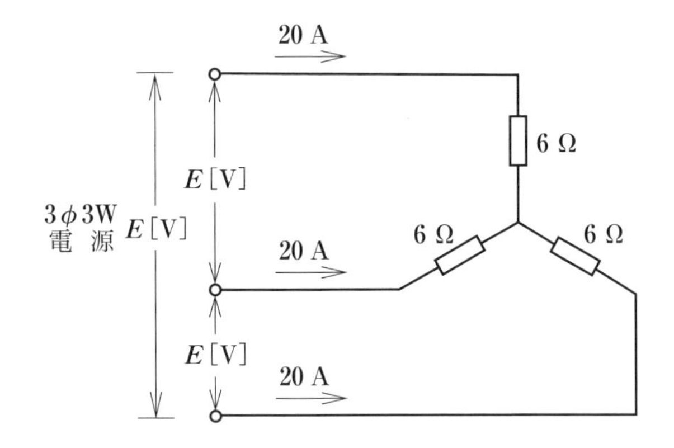

イ. 120　　**ロ.** 173　　**ハ.** 208　　**ニ.** 240

令和３年（下期）午前５出題
同問：平成 30 年（上期）5，平成 28 年（下期）5，平成 26 年（下期）4
類問：令和２年（下期）午後５

問題 19 図のような三相３線式 200 V の回路で，c − o 間の抵抗が断線した。断線前と断線後の a − o 間の電圧 V の値［V］の組合せとして，**正しいものは**。

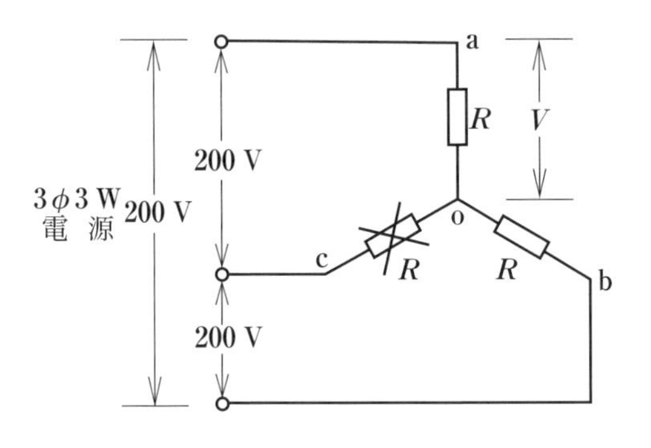

イ. 断線前　116
　　断線後　116
ロ. 断線前　116
　　断線後　100
ハ. 断線前　100
　　断線後　116
ニ. 断線前　100
　　断線後　100

令和３年（上期）午前５出題
同問：平成 25 年（上期）5　　類問：平成 29 年（上期）5

解答 18

三相平衡負荷であるから，1 相分の回路は下図のようになる。

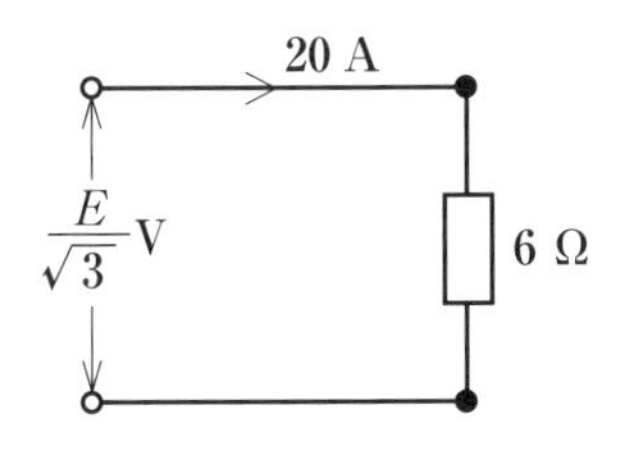

よって，$\frac{E}{\sqrt{3}} = 20 \times 6$

$E = \sqrt{3} \times 20 \times 6 = \sqrt{3} \times 120 \fallingdotseq 208$ V

したがって，**ハ**である。

答 ハ

解答 19

三相 3 線式回路では，線間電圧 $= \sqrt{3} \times$ 相電圧の関係がある。

よって，断線前の a − o 間の電圧 V_1 [V] は，

$$V_1 = \frac{200}{\sqrt{3}} = \frac{200}{1.73} \fallingdotseq 116 \text{ V}$$

また，断線後の回路は右図のようになる。

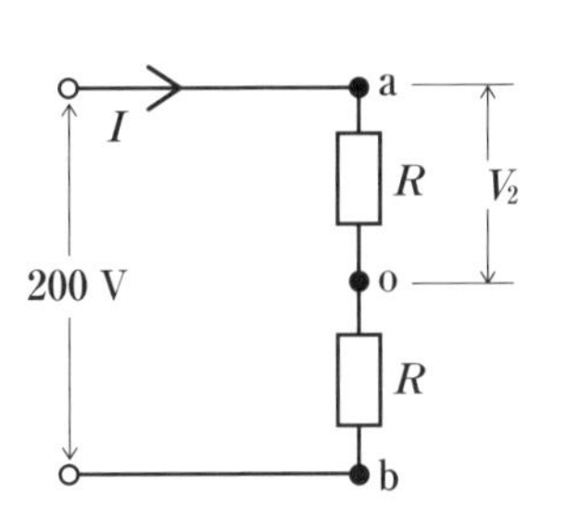

回路に流れる電流 I [A] は，

$$I = \frac{200}{R + R} = \frac{100}{R} \text{ A}$$

よって，断線後の a − o 間の電圧 V_2 [V] は，

$$V_2 = \frac{100}{R} \times R = 100 \text{ V}$$

したがって，断線前が 116，断線後が 100 の**ロ**になる。

答 ロ

問題20 図のような電源電圧 E［V］の三相3線式回路で，図中の×印点で断線した場合，断線後の a － c 間の抵抗 R［Ω］に流れる電流 I［A］を示す式は。

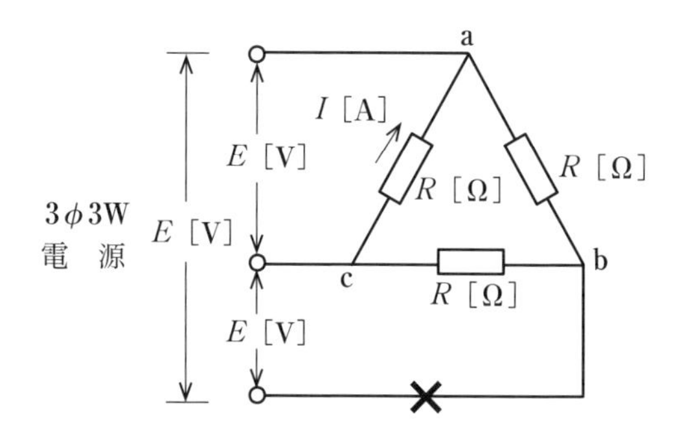

イ．$\dfrac{E}{2R}$　ロ．$\dfrac{E}{\sqrt{3}R}$　ハ．$\dfrac{E}{R}$　ニ．$\dfrac{3E}{2R}$

平成27年（上期）5出題

問題21 図のような単相3線式回路において，電線1線当たりの抵抗が0.1 Ω，抵抗負荷に流れる電流がともに15 Aのとき，この電線路の電力損失［W］は。

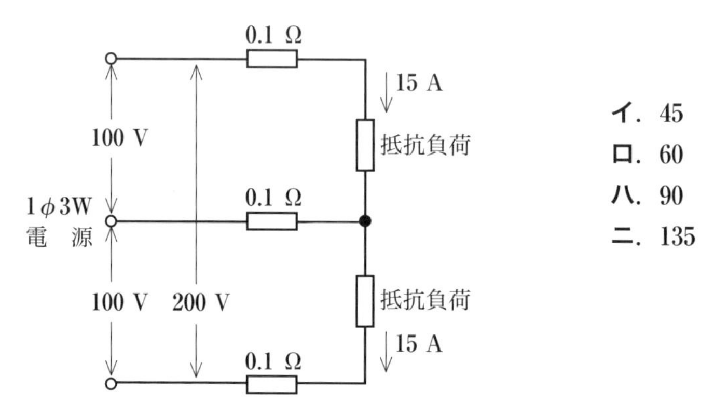

イ．45
ロ．60
ハ．90
ニ．135

令和2年（下期）午前7出題
類問：平成30年（下期）7，平成30年（上期）7，平成28年（下期）6

問題の図より，×印点で断線すると下図のような回路になる。

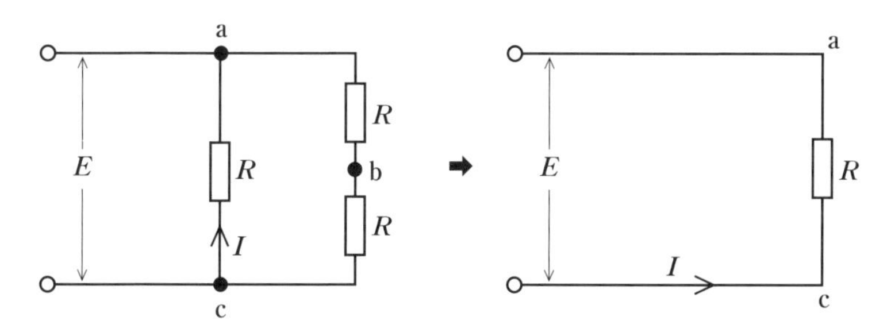

よって，a − c 間に流れる電流 I は，

$$I = \frac{E}{R}\,[\mathrm{A}]$$

したがって，**ハ**である。

答 ハ

解答 21

問題の回路は，単相 3 線式回路で平衡負荷であるため，中性線には電流は流れない。

この電線路の電力損失を w [W]，線路抵抗を r [Ω]，抵抗負荷の電流を I [A] とすると，

$$w = 2I^2r = 2 \times 15 \times 15 \times 0.1 = 45\ \mathrm{W}$$

したがって，**イ**である。

答 イ

図のような三相3線式回路で，電線1線当たりの抵抗が0.15 Ω，線電流が10 Aのとき，電圧降下 $(V_s - V_r)$ [V] は。

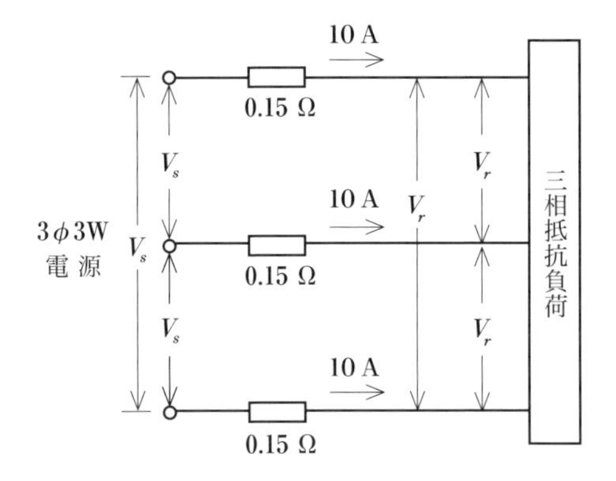

イ．1.5　　ロ．2.6　　ハ．3.0　　ニ．4.5

2019年（下期）7出題

図のような単相3線式回路で，電線1線当たりの抵抗が r [Ω]，負荷電流が I [A]，中性線に流れる電流が0 Aのとき，電圧降下 $(V_s - V_r)$ [V] を示す式は。

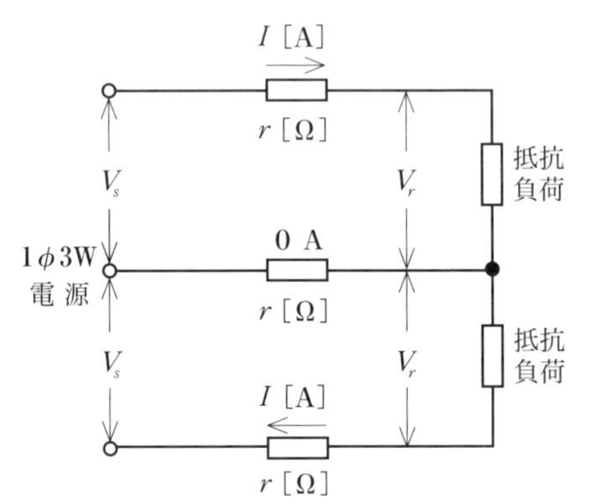

イ．$2rI$　　ロ．$3rI$　　ハ．rI　　ニ．$\sqrt{3}rI$

令和5年（上期）午後7出題
同問：2019年（上期）7

三相3線式交流回路の電圧降下 e [V] は，線電流を I [A]，電線1線当たりの抵抗を r [Ω] とすれば，

$$e = V_s - V_r = \sqrt{3}\,Ir \text{ [V]}$$

$$= \sqrt{3} \times 10 \times 0.15 = 2.595 \fallingdotseq 2.6 \text{ V}$$

したがって，**ロ**である。

回路図より，中性線の電流が0 A であることから，この回路は平衡負荷であることがわかる。

よって，V_s は，

$$V_s = rI + V_r$$

電圧降下（$V_s - V_r$）を示す式は，rI となる。

したがって，**ハ**である。

答 ハ

2

配電理論・設計

低圧屋内配線の分岐回路の設計で，配線用遮断器の定格電流とコンセントの組合せとして，**不適切なものは**。

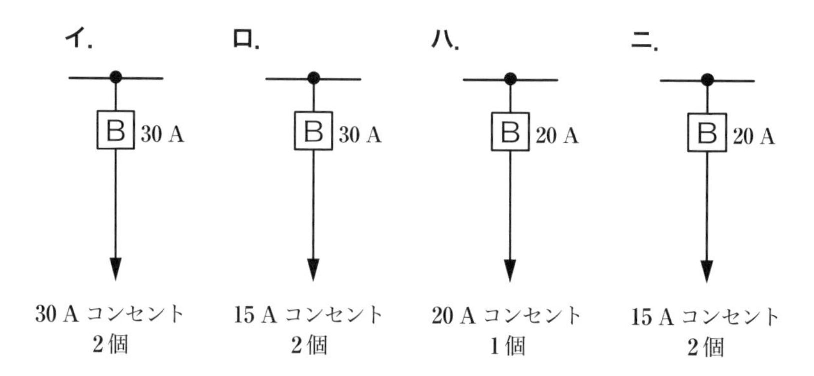

2019年（上期）10出題
同問：平成30年（上期）10

問題25

図のように，電線のこう長 8 m の配線により，消費電力 2 000 W の抵抗負荷に電力を供給した結果，負荷の両端の電圧は 100 V であった。配線における電圧降下［V］は。

ただし，電線の電気抵抗は長さ 1 000 m 当たり 3.2 Ω とする。

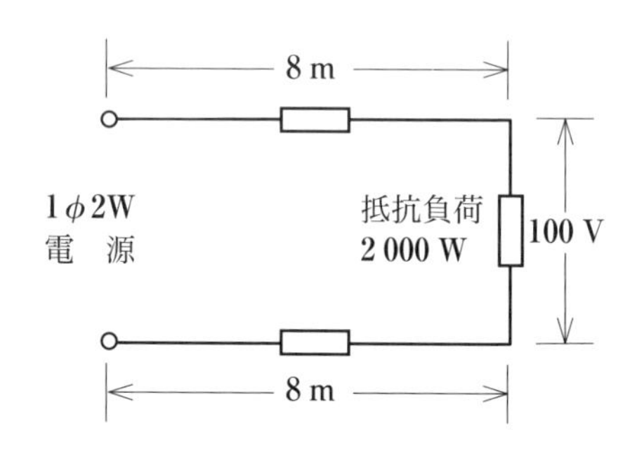

イ．1　　ロ．2　　ハ．3　　ニ．4

平成30年（下期）6出題
類問：平成29年（上期）6，平成24年（下期）7

電技解釈第149条により，定格30 Aの配線用遮断器に接続してよいコンセントは，20 A以上30 A以下となっている。なお，コンセントの個数には関係しない。

よって，**ロ**の30 Aの配線用遮断器には，15 Aコンセントは接続できない。

※ 45ページ解答10の表参照

したがって，**ロ**である。

問題の図より，抵抗負荷をP[W]，その電圧をV[V]とすれば線路電流I[A]は，

$$I = \frac{P}{V} = \frac{2\,000}{100} = 20\ \mathrm{A}$$

電線の電気抵抗は長さ1 000 m当たり3.2 Ωであるから，電線のこう長8 mの配線の抵抗$\boldsymbol{r}$は，

$$\boldsymbol{r} = \frac{3.2 \times 8}{1\,000} = \frac{25.6}{1\,000} = 0.0256\ \Omega$$

よって，配線の電圧降下（単相2線式）は，

$$\text{電圧降下} = 2\boldsymbol{r}I = 2 \times 0.0256 \times 20 = 1.024\ \mathrm{V} \fallingdotseq 1\ \mathrm{V}$$

したがって，**イ**である。

低圧電路に使用する定格電流が 20 A の配線用遮断器に 25 A の電流が継続して流れたとき，この配線用遮断器が自動的に動作しなければならない時間［分］の限度（最大の時間）は。

イ．20　　ロ．30　　ハ．60　　ニ．120

平成 30 年（上期）11 出題
同問：平成 27 年（下期）11
類問：平成 26 年（下期）11

問題27

図のように，電線のこう長 L［m］の配線により，抵抗負荷に電力を供給した結果，負荷電流が 10 A であった。配線における電圧降下 $V_1 - V_2$［V］を表す式として，**正しいものは**。

ただし，電線の電気抵抗は長さ 1 m 当たり r［Ω］とする。

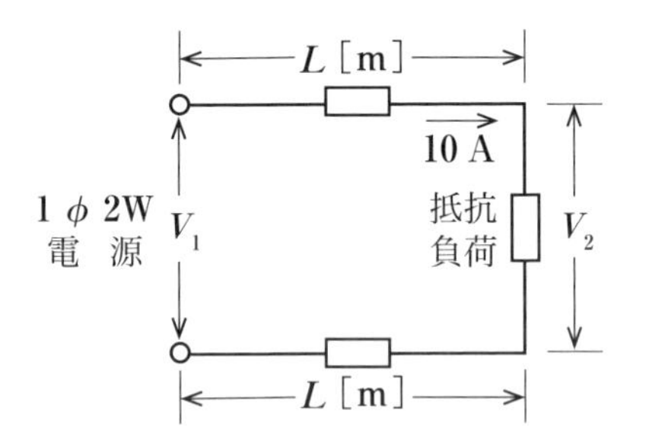

イ．rL　　ロ．$2rL$　　ハ．$10rL$　　ニ．$20rL$

平成 29 年（下期）6 出題

解答 26　電技解釈第33条より，定格電流30 A以下の配線用遮断器は，定格電流の1.25倍の電流を流した場合には60分以内に動作しなければならない。

また，定格電流の2倍の電流を流した場合は，2分以内に動作しなければならない。

よって，20 Aの配線用遮断器に25 Aの電流を流した場合は，

$\frac{25}{20} = 1.25$ 倍になるので，60分以内に動作しなければならない。

したがって，**ハ**である。

解答 27　長さ L［m］の電線1本の抵抗 R［Ω］は，1 m当たり $\boldsymbol{r}$［Ω］であるから，

$$R = rL\ [\Omega]$$

線路電流 I［A］が10 Aであり，配線の電圧降下 $V_1 - V_2$［V］は単相2線式であるから，

$$V_1 - V_2 = 2rLI = 2 \times rL \times 10 = 20rL\ [\mathrm{V}]$$

したがって，**ニ**である。

図のように，定格電流 100 A の配線用遮断器で保護された低圧屋内幹線から VVR ケーブル太さ 5.5 mm^2（許容電流 34 A）で低圧屋内電路を分岐する場合，a − b 間の長さの最大値［m］は。

ただし，低圧屋内幹線に接続される負荷は，電灯負荷とする。

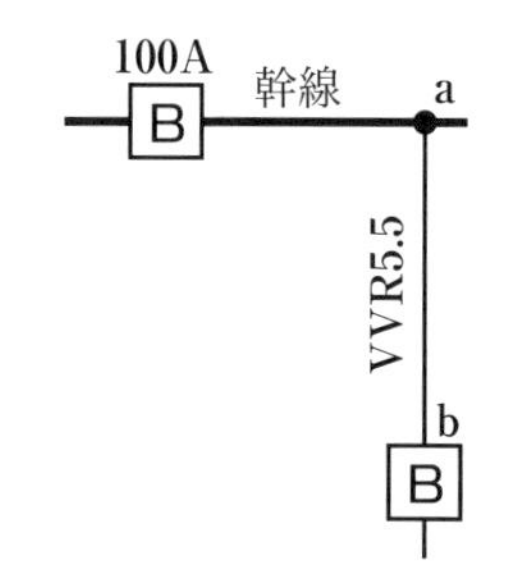

イ．3　　ロ．5　　ハ．8　　ニ．制限なし

平成 29 年（下期）10 出題

電技解釈第 149 条に，過電流遮断器を分岐点から 3 m を超える箇所に施設することができるのは，以下の場合と規定がある。

① a − b 間の許容電流が，100 × 0.55 ＝ 55 A 以上あれば長さに制限はない。

② a − b 間の許容電流が，100 × 0.35 ＝ 35 A 以上であれば長さは 8 m 以内。

よって，問題の許容電流は 34 A なので，上記に該当しないため，a − b 間の長さは 3 m 以下でなければならない。

したがって，**イ**である。

3章 電気機器・材料・工具のポイント

1. 電線とケーブル

- 「電気設備に関する技術基準を定める省令」第1条の定義では，ケーブルも電線に含んでいる。
- ケーブルとは，主に導体に絶縁を施した1本1本の絶縁電線の上にシース（保護外被覆）を施した電線をいう。

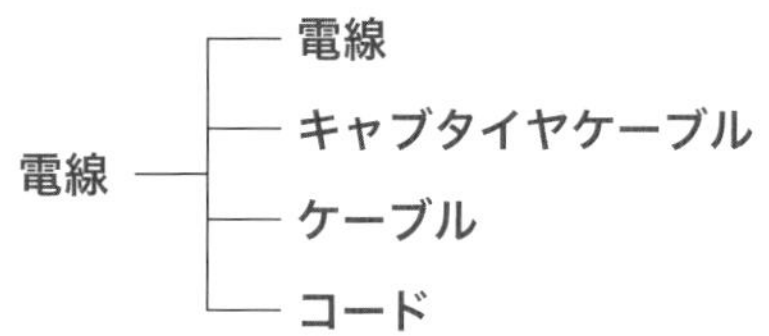

〈コードの許容電流〉

断面積（mm^2）	許容電流（A）
0.75	7
1.25	12
2	17

記号	名称	構造	用途
VVF	600V ビニル絶縁ビニルシースケーブル平形	軟銅線／塩化ビニル	一般住宅・商業施設・公共施設などの低圧屋内の配線の照明・コンセント回路に使用，最高許容温度は60℃
VVR	600V ビニル絶縁ビニルシースケーブル丸形	軟銅線／介在物／塩化ビニル	用途や最高許容温度はVVFと同じで，丸形の外装で覆われている
MI	MI ケーブル	銅線／無機絶縁物／銅管	1000℃を超える高温や腐食しやすい環境で耐久性あり，シース熱電対ケーブル，シース抵抗体ケーブル，ヒータケーブル，制御・信号ケーブルで使用
CT	ゴムキャブタイヤケーブル	紙テープ／銅線／天然ゴム	過酷な作業現場で使用，耐摩耗・耐衝撃・耐水性・耐熱性・柔軟性に優れ，主に移動用に使用，給電したまま移動できる
CV	600V 架橋ポリエチレン絶縁ビニルシースケーブル	銅線／架橋ポリエチレン／半導電層／塩化ビニル	最高許容温度が90℃と他のケーブルに比べ高い，電灯やコンセントの第一電源や動力設備の電源として使用
CVT	600V 架橋ポリエチレン絶縁ビニルシースケーブル（単心3本のより線）		CV3芯に比べ軽量で扱いやすく，幹線設備工事（照明・空調機等に電源供給）に使用
VCT	ビニルキャブタイヤケーブル		扱いやすく，屋内移動用機器のケーブルとして使用

記号	名称	構造	用途
IV	600V ビニル絶縁電線	軟銅線(なんどうせん)(単線又はより線) / ビニル絶縁物	電線管内・盤内・接地用配線やスイッチ・コンセントの渡り線など幅広く使用，最高許容温度は 60℃
HIV	600V 二種ビニル絶縁電線	耐熱性の高いビニル絶縁物	IV 電線より耐熱性に優れ最高許容温度は 75℃，盤内配線のほか防災設備への電源供給に使用
OW	屋外用ビニル絶縁電線	硬銅線(こうどうせん) / ビニル絶縁物	主として屋外用架空配電線用で使用

〈電線の色と種類〉

	600 V ビニル絶縁電線（IV）（黒･白･赤･緑）		600 V ビニル絶縁ビニルシースケーブル（VVR）丸形 2 心
			600 V ビニル絶縁ビニルシースケーブル（VVF）2 心
	600 V ビニル絶縁ビニルシースケーブル（VVF） 2 心青		600 V ビニル絶縁ビニルシースケーブル（VVF）3 心
	600 V ビニル絶縁ビニルシースケーブル（VVF） 3 心青		600 V ポリエチレン絶縁耐燃性ポリエチレンシースケーブル（EMEEF） 2 心

2. 照明器具の比較

種類	発光原理	寿命	発光効率*	力率
白熱電灯	フィラメントに電流を流すと熱放射で発光	×	×	◎
		約 1 000 ～ 2 000 時間	約 12 lm/W	100%
蛍光灯	フィラメントから発生させた電子をガラス管内部に封入された水銀粒子に衝突させ，発生した紫外線によりガラス管内壁の蛍光体を発光	○	○	△
		約 13 000 時間	40 ～ 110 lm/W	約 80 ～ 90%
LED	発光ダイオードと呼ばれる半導体に電気を流し，電気エネルギーを直接光に変換	◎	◎	×
		約 40 000 時間	100 lm/W	約 60%

＊発光効率（lm/W）：照明機器の光源に与える電力［W］に対し，光源から発する全光束［lm］の効率を評価する指標

3. 金属管と付属品の主な材料

金属管付属品		用途
金属管カップリング（ねじ込み）		ねじが切ってある薄鋼電線管（C管）や厚鋼電線管を（G管）をねじ込んで接続
金属管カップリング（ねじなし）		ねじなし電線管（E管）を挿入して，止めねじを締め付けて接続
コンビネーションカップリング		種類が異なる電線管を相互接続するときに使用
サドル		金属管を造営材に固定
ユニバーサル		金属管露出工事で金属管が直角に曲がるところに使う
ノーマルベンド		電線管工事で，電線管を直角方向に曲げたい場合に使う
ラジアスクランプ	鋼製アウトレットボックスと電線管との接地を確保するために使用	
リングレジューサ	アウトレットボックスのノックアウトの径が，電線管の外径より大きいときに使用	

金属管・ボックス付属品		用途
ブッシング		アウトレットボックスの打ち抜き穴の金属部分とケーブルが直接接触して損傷しないように保護
アウトレット（ジョイント）ボックス		電線・ケーブルの接続・分岐などを行うボックス
スイッチボックス		住宅でスイッチやコンセントを取り付けるのに使用，樹脂製で壁に埋め込んで使用
露出スイッチボックス		露出金属管工事で，スイッチやコンセントを取り付けるのに使用
コンクリートボックス		コンクリート工事でスラブ下地に取付けコンクリート内に埋め込む電線接続用のボックス
プルボックス		多数の電線管が交差・集合している場所で電線管への電線・ケーブルの通線を容易にし，分岐するときに使用
塗りしろカバー		コンクリートなどの壁に打ち込むアウトレットボックスやスイッチボックスのカバー

管端付属品	用途
ターミナルキャップ	電線管に取り付け，電線引き出しに使用，電線の出し口は 90°
エントランスキャップ	電線管に取り付け，電線引き出しに使用，雨水が入り込みにくい構造

4. 差込形コネクタの種類と用途

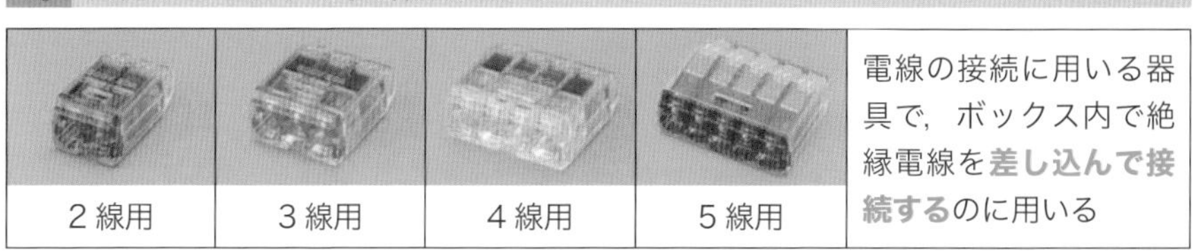

電線の接続に用いる器具で，ボックス内で絶縁電線を**差し込んで接続する**のに用いる

問題 01　電気工事の種類と，その工事で使用する工具の組合せとして，**適切なものは**。

イ．金属線ぴ工事とボルトクリッパ
ロ．合成樹脂管工事とパイプベンダ
ハ．金属管工事とクリックボール
ニ．バスダクト工事と圧着ペンチ

令和４年（上期）午前 13 出題
類問：令和３年（下期）午前 13，令和３年（上期）午前 13，令和２年（下期）午前 13

問題 02　写真に示す機器の名称は。

イ．水銀灯用安定器
ロ．変流器
ハ．ネオン変圧器
ニ．低圧進相コンデンサ

令和４年（上期）午前 17 出題
同問：平成 30 年（上期）18，平成 27 年（上期）16

問題 03　写真に示す材料の用途は。

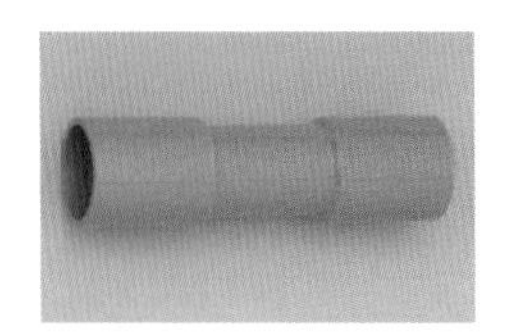

イ．硬質ポリ塩化ビニル電線管(硬質塩化ビニル電線管)相互を接続するのに用いる。
ロ．金属管と硬質ポリ塩化ビニル電線管（硬質塩化ビニル電線管）とを接続するのに用いる。
ハ．合成樹脂製可とう電線管相互を接続するのに用いる。
ニ．合成樹脂製可とう電線管と CD 管とを接続するのに用いる。

令和３年（下期）午前 16 出題
類問：平成 30 年（上期）17

解答 01

クリックボールとは，リーマというビットと組み合わせて金属管のバリの面取りに使用するものである。

したがって，**ハ**である。

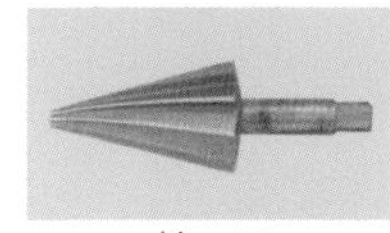
リーマ

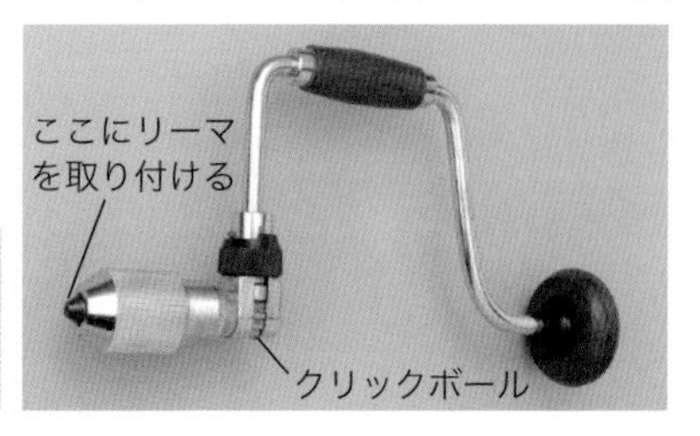

答　ハ

解答 02

写真に50 μFの表記がみえる。これは**低圧進相コンデンサ**の容量を示している。

したがって，**ニ**である。

なお，イの水銀灯用安定器は，水銀灯の点灯に用いる。

ロの変流器は，電流の大きさを変更するのに用いる。

ハのネオン変圧器は，ネオン放電灯の点灯に用いる。

答　ニ

解答 03

写真に示す材料は，**TSカップリング**で硬質ポリ塩化ビニル電線管相互の接続に用いる。

したがって，**イ**である。

なお，ハの合成樹脂製可とう電線管（PF管）相互の接続には，PF管用カップリングを用いる（右の写真）。

ロとニの相互接続材料は特にない。

PF管用
カップリング

答　イ

問題04

写真に示す器具の用途は。

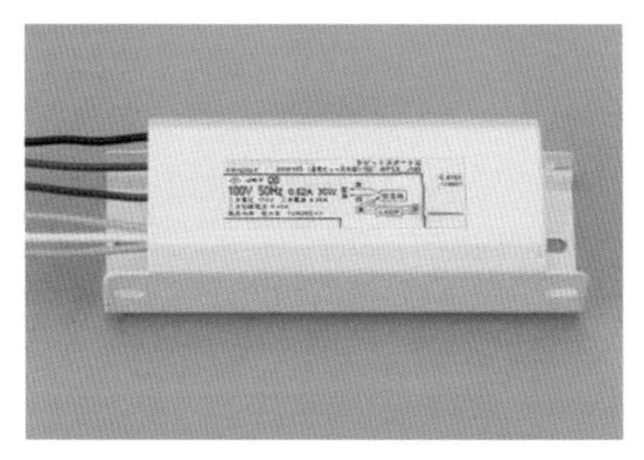

JET
100V 50Hz 0.62A 30W
二次電圧 150V 二次電流 0.36A
二次短絡電流 0.45A
器具内用 低力率 FLR20S×1
電源 黒 白
安定器
黄 LAMP 青

イ. 手元開閉器として用いる。
ロ. 電圧を変成するために用いる。
ハ. 力率を改善するために用いる。
ニ. 蛍光灯の放電を安定させるために用いる。

令和３年（下期）午後 17 出題
同問：平成 25 年（下期）17

問題05

写真に示す器具の名称は。

イ. キーソケット
ロ. 線付防水ソケット
ハ. プルソケット
ニ. ランプレセプタクル

令和３年（下期）午前 17 出題

解答 04　写真に示す器具は**蛍光灯の安定器**で，放電を安定させるために用いる。したがって，**ニ**である。

イの手元開閉器として用いるものは箱開閉器などで，写真は，

ロの電圧を変成するために用いるものは変圧器で，写真は，

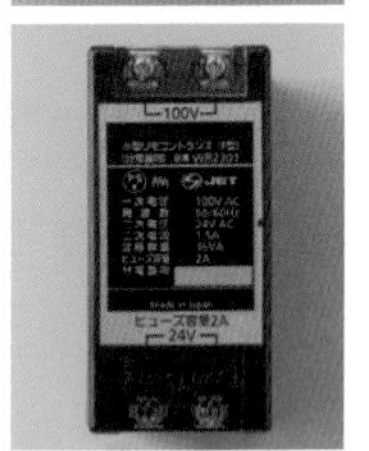

ハの力率を改善するために用いるものは低圧進相コンデンサで，写真は，

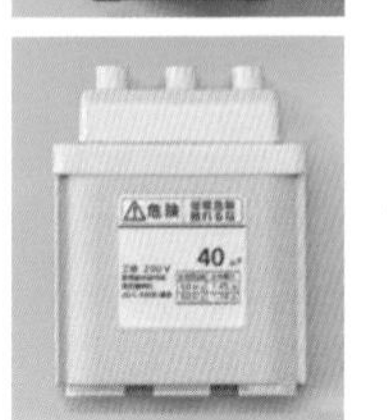

答　ニ

解答 05　写真に示す器具は**線付防水ソケット**で，野外等の縁日や盆踊り会場の臨時配線に用いる。

したがって，**ロ**である。

なお，イのキーソケットは，屋内配線と電球の取付けに使われ，ソケットについているスイッチで入り切りをする。

ハのプルソケットは，屋内配線と電球の取付けに使われ，ソケットについているひもで入り切りをする。

ニのランプレセプタクルは，屋内配線と電球の取付けに使われる。

答　ロ

写真に示す測定器の名称は。

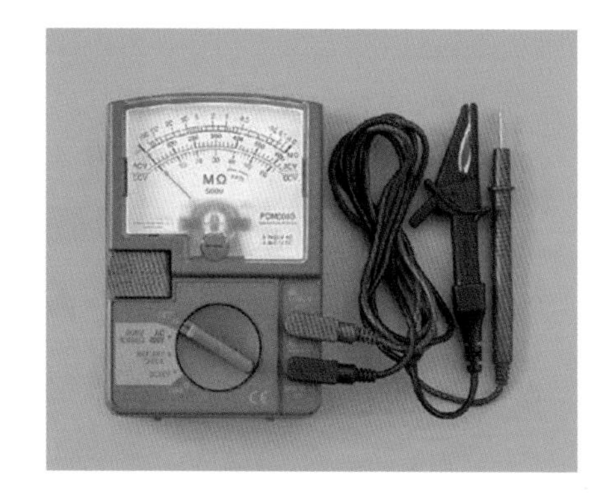

イ．接地抵抗計　　ロ．漏れ電流計
ハ．絶縁抵抗計　　ニ．検相器

令和３年（下期）午前 18 出題
同問：平成 25 年（下期）16

問題07

金属管工事に使用される「ねじなしボックスコネクタ」に関する記述として，**誤っているものは**。

イ．ボンド線を接続するための接地用の端子がある。
ロ．ねじなし電線管と金属製アウトレットボックスを接続するのに用いる。
ハ．ねじなし電線管との接続は止めネジを回して，ネジの頭部をねじ切らないように締め付ける。
ニ．絶縁ブッシングを取り付けて使用する。

令和３年（上期）午後 11 出題
同問：平成 28 年（下期）12

解答 06 写真に示す測定器の名称は，写真にMΩが見えるので**絶縁抵抗計**である。したがって，**ハ**である。

なお，イの接地抵抗計の写真は，

ロの漏れ電流計の写真は，

ニの検相器（相回転計）の写真は，

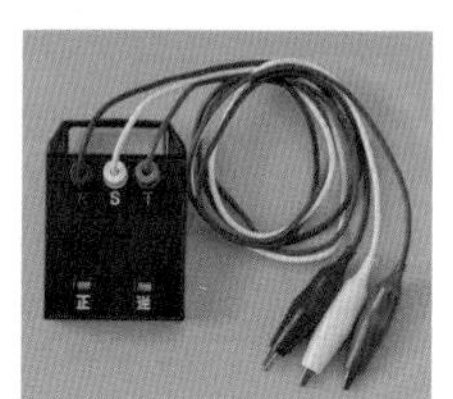

答 ハ

解答 07 ねじなし電線管との接続は止めネジを回して，ネジの頭部をねじ切らないように締め付けると接続管が外れてしまうので，**ねじ切ることで適切な締め付けが得られる**。したがって，誤っているものは**ハ**である。

- 薄鋼管をボックスコネクタに接続した後，固定するためにネジを締める
- 途中までドライバーで締め，その後ペンチやプライヤーで締める
- ネジの頭はねじ切ることができるので，ねじ切れるまで締めていく

答 ハ

問題08 写真の矢印で示す材料の名称は。

イ．金属ダクト　　ロ．ケーブルラック
ハ．ライティングダクト　　ニ．2種金属製線ぴ

令和3年（上期）午後16出題
類問：平成24年（上期）18

問題09 写真に示す器具の用途は。

イ．器具等を取り付けるための基準線を投影するために用いる。
ロ．照度を測定するために用いる。
ハ．振動の度合いを確かめるために用いる。
ニ．作業場所の照明として用いる。

令和3年（上期）午後17出題

解答 08

写真に示す矢印の材料の名称は，**ロ**の**ケーブルラック**で，ケーブルを固定，支持するのに用いる。

なお，イの金属ダクトは，素材に金属が使用されている電線ダクトで，天井から吊ることが多い。

ハのライティングダクトは，天井などに取り付け，照明器具を任意の位置に取り付けるのに用いる。

ニの 2 種金属製線ぴは，電線などを収納するのに用いる。

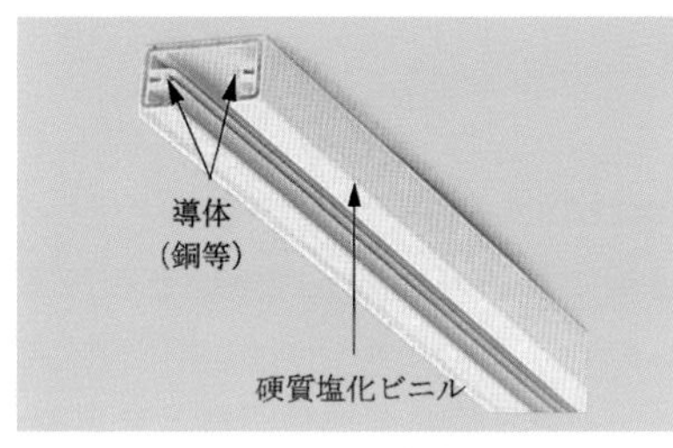

ライティングダクト

金属線ぴ

答 ロ

解答 09

写真の器具は**レーザー墨出し器**で，その用途は，建物の基準線や器具を取り付けるための基準線を投影するために用いる。

したがって，**イ**である。

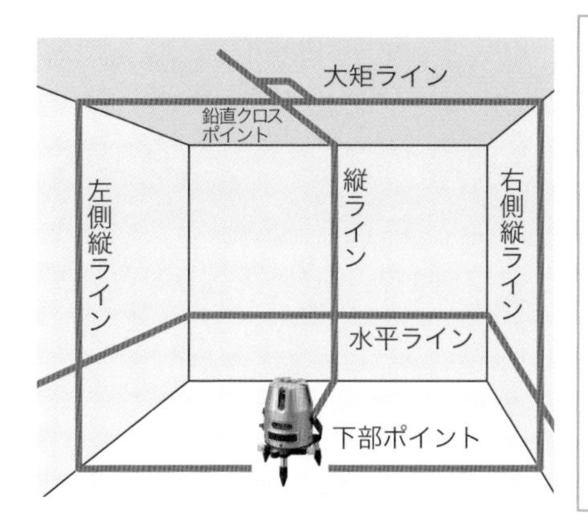

配管や屋内配線，照明器具や分電盤の位置などを，図面どおりに配置するために，墨出し作業を行う。

レーザー墨出し器は，縦ライン（たち墨・ろく墨）や水平ラインなどを，レーザー光線により示すことができ，墨出し作業を短時間で行うことができる。

答 イ

問題 10

写真に示す器具の用途は。

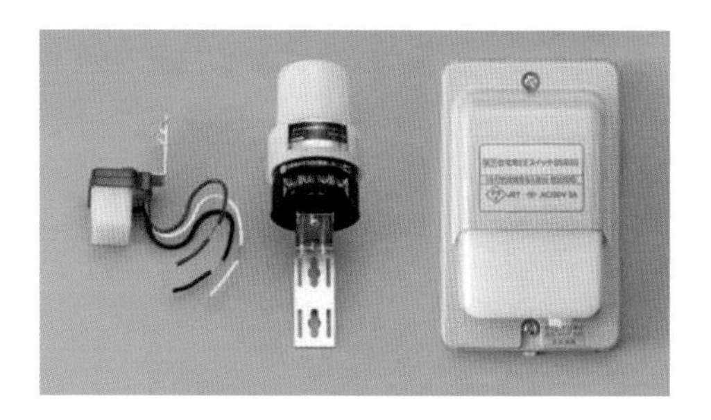

イ. LED 電球の明るさを調節するのに用いる。
ロ. 人の接近による自動点滅に用いる。
ハ. 蛍光灯の力率改善に用いる。
ニ. 周囲の明るさに応じて屋外灯などを自動点滅させるのに用いる。

令和 5 年（上期）午前 17
類問：平成 25 年（上期）18，平成 23 年（上期）18

問題 11

写真に示す工具の用途は。

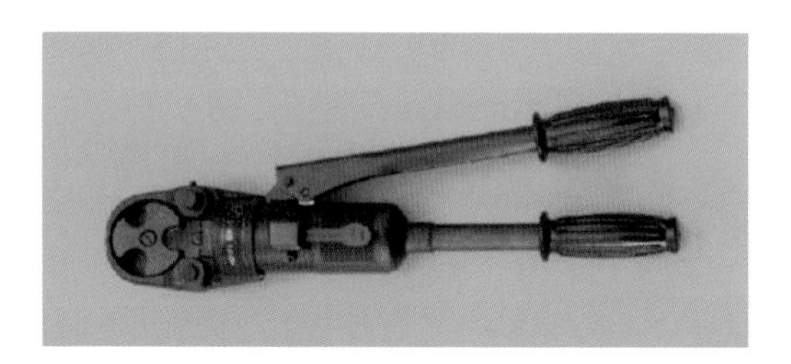

イ. 手動油圧式圧着器
ロ. 手動油圧式カッタ
ハ. ノックアウトパンチャ（油圧式）
ニ. 手動油圧式圧縮器

令和 3 年（上期）午前 18 出題
同問：平成 24 年（上期）15

解答 10　写真に示す器具は，**ニ**の**自動点滅器**である。周囲の明るさに応じて，屋外灯などを自動点滅させるのに用いる。

イ．調光器：照明の明るさを調整する。

ロ．熱線式自動スイッチ：熱センサで人の接近を検知し，照明を自動でつけるスイッチ。

ハ．コンデンサ：蛍光灯の力率改善に用いる。

答 ニ

解答 11　写真に示す工具は，**イ**の**手動油圧式圧着器**である。スリーブや圧着端子を用いて，比較的太い電線の圧着接続に使用する。

ロ．手動油圧式カッタ：油圧の力でワイヤ，電線，鉄筋などを切断するカッタ。

ハ．ノックアウトパンチャ（油圧式）：油圧の力を利用して，鋼材や鋼板に穴をあける。

ニ．手動油圧式圧縮器：圧縮端子と電線の全長に均等に圧縮をかけて接続する。

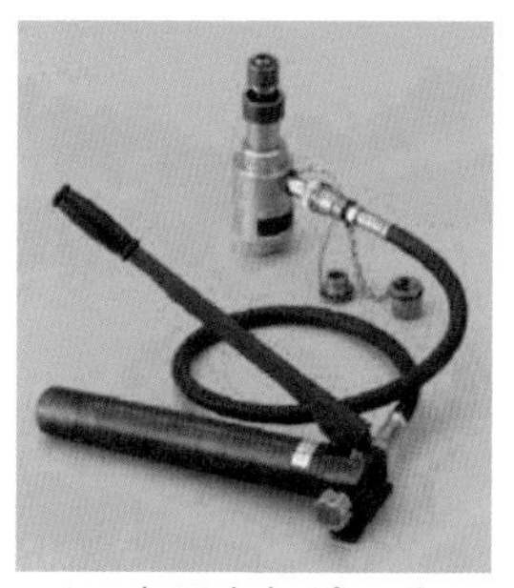

ノックアウトパンチャ

答 イ

問題 12　ねじなし電線管の曲げ加工に使用する工具は。

イ. トーチランプ
ロ. ディスクグラインダ
ハ. パイプレンチ
ニ. パイプベンダ

令和２年（下期）午後 13 出題

問題 13　多数の金属管が集合する場所等で，通線を容易にするために用いられるものは。

イ. 分電盤
ロ. プルボックス
ハ. フィクスチュアスタッド
ニ. スイッチボックス

令和５年（上期）午前 11 出題
同問：令和２年（下期）午後 11

解答 12

ねじなし電線管の曲げ加工に使用する工具は，**ニ**の**パイプベンダ**である。

なお，イのトーチランプは，合成樹脂管等の曲げ加工に用いる。

ロのディスクグラインダは，鉄板など金属のバリ取りや仕上げに用いる。

ハのパイプレンチは，金属管等の締め付け作業に用いる。

トーチランプ

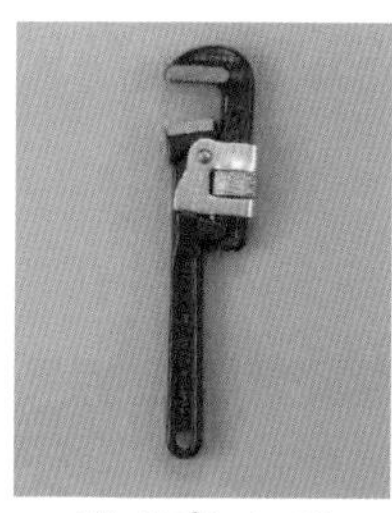

パイプレンチ

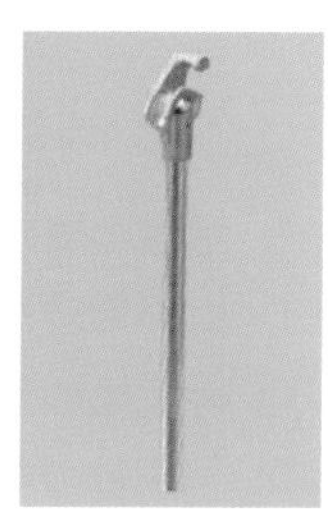

パイプベンダ

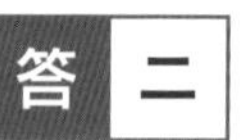

答 ニ

解答 13

多数の金属管が集合する場所等で，通線を容易にするために用いられるものは，**ロ**の**プルボックス**である。

なお，イの分電盤は，配線用遮断器，開閉器等を集合して取り付けるのに用いる。

ハのフィクスチュアスタッドは，ボックスの底部に取り付け，照明器具等を取り付けるのに用いる。

ニのスイッチボックスは，スイッチやコンセントを取り付けるのに用いる。

プルボックス

スイッチボックス

答 ロ

問題14

写真に示す工具の用途は。

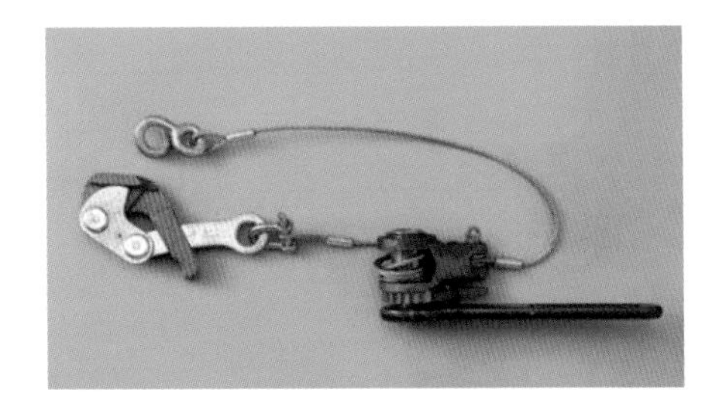

イ. 電線の支線として用いる。
ロ. 太い電線を曲げてくせをつけるのに用いる。
ハ. 施工時の電線管の回転等すべり止めに用いる。
ニ. 架空線のたるみを調整するのに用いる。

令和３年（下期）午後18出題
同問：平成27年（下期）17，平成24年（上期）16

問題15

写真に示す材料の名称は。

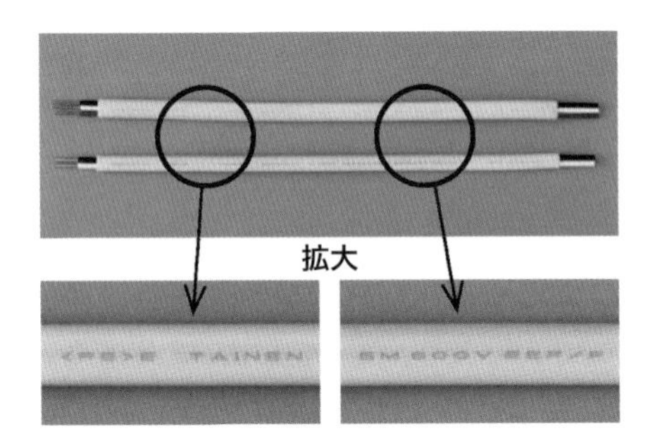

イ. 無機絶縁ケーブル
ロ. 600 V ビニル絶縁ビニルシースケーブル平形
ハ. 600 V 架橋ポリエチレン絶縁ビニルシースケーブル
ニ. 600 V ポリエチレン絶縁耐燃性ポリエチレンシースケーブル平形

令和３年（上期）午前16出題
類問：平成30年（下期）16，平成27年（下期）18

写真に示す工具は，張線器（シメラー）で，架空線のたるみを調整するのに用いる。

したがって，**ニ**である。

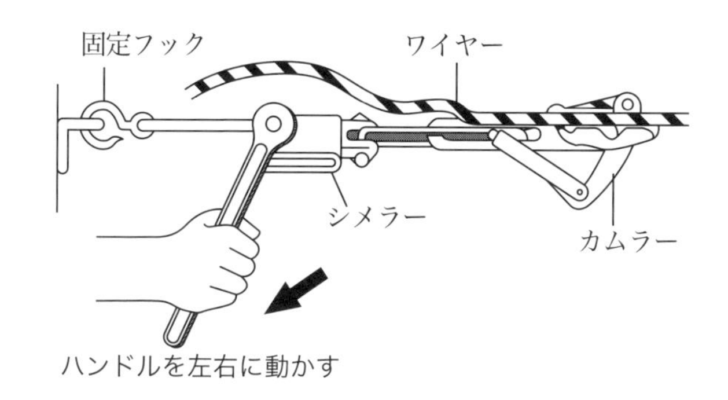

解答 15

写真に示す材料の名称は，JIS C 0303 により，EM 600 V EEF/F の記号があるので，**ニ**の 600 V ポリエチレン絶縁耐燃性ポリエチレンシースケーブル平形である。

なお，イの無機絶縁ケーブルの記号は，MI である。

ロの 600 V ビニル絶縁ビニルシースケーブル平形の記号は，VVF である。

ハの 600 V 架橋ポリエチレン絶縁ビニルシースケーブルの記号は，CV である。

低圧の地中配線を直接埋設式により施設する場合に**使用できるものは**。

イ．600 V 架橋ポリエチレン絶縁ビニルシースケーブル（CV）
ロ．屋外用ビニル絶縁電線（OW）
ハ．引込用ビニル絶縁電線（DV）
ニ．600 V ビニル絶縁電線（IV）

令和４年（上期）午前 11 出題
同問：平成 30 年（下期）12，平成 26 年（上期）13
類問：令和３年（下期）午後 12，平成 28 年（上期）13，平成 25 年（上期）午後 12

600 V ポリエチレン絶縁耐燃性ポリエチレンシースケーブル平形（EM-EEF）の絶縁物の最高許容温度［℃］は。

イ．60　　**ロ**．75　　**ハ**．90　　**ニ**．120

令和４年（上期）午前 12 出題
類問：令和５年（上期）午前 12，令和３年（上期）午後 12，平成 30 年（上期）12，
平成 28 年（上期）13

三相誘導電動機が周波数 50 Hz の電源で無負荷運転されている。この電動機を周波数 60 Hz の電源で無負荷運転した場合の回転の状態は。

イ．回転速度は変化しない。　　**ロ**．回転しない。
ハ．回転速度が減少する。　　**ニ**．回転速度が増加する。

令和４年（上期）午前 14 出題
同問：平成 29 年（下期）13，平成 25 年（下期）12　　類問：令和３年（上期）午後 14

解答 16

直接埋設式による地中埋設工事で使える電線は，VVF ケーブル，VVR ケーブル，EM-EEF ケーブル，CV ケーブルなどのケーブルだけである。したがって，**イ**である。

なお，ビニル絶縁電線（IV），屋外用ビニル絶縁電線（OW），引込用ビニル絶縁電線（DV）などの絶縁電線は使えない。

答 イ

解答 17

絶縁電線やケーブルの使用可能な最高許容温度は，絶縁物の最高許容温度で規定される。

600 V ポリエチレン絶縁耐燃性ポリエチレンシースケーブル平形（EM-EEF）は，75 ℃である。

したがって，**ロ**である。

主なものは次の通りである。

・600 V ビニル絶縁電線（IV）：60 ℃
・600 V 二種ビニル絶縁電線（HIV）：75 ℃
・600 V ビニル絶縁ビニルシースケーブル平形（VVF）：60 ℃
・600 V ビニル絶縁ビニルシースケーブル丸形（VVR）：60 ℃
・600 V 架橋ポリエチレン絶縁ビニルシースケーブル（CV）：90℃

解答 18

三相誘導電動機の同期速度 N_s [min^{-1}] は，

$$N_s = \frac{120f}{p} \text{ [min}^{-1}\text{]}$$

ただし，f は周波数 [Hz]，p は電動機の極数。

よって，同期速度は周波数に比例するので，50 Hz が 60 Hz になれば，回転速度は増加する。

したがって，**ニ**である。

答 ニ

蛍光灯を，同じ消費電力の白熱電灯と比べた場合，**正しいものは**。

イ．力率が良い。
ロ．雑音（電磁雑音）が少ない。
ハ．寿命が短い。
ニ．発光効率が高い。（同じ明るさでは消費電力が少ない）

令和 4 年（上期）午前 15 出題
同問：平成 27 年（下期）14，平成 21 年 12
類問：平成 30 年（上期）15

金属管工事において，絶縁ブッシングを使用する主な目的は。

イ．電線の被覆を損傷させないため。
ロ．電線の接続を容易にするため。
ハ．金属管を造営材に固定するため。
ニ．金属管相互を接続するため。

令和 3 年（下期）午後 11 出題
同問：平成 29 年（上期）11，平成 26 年（上期）12

下表のように蛍光灯は，白熱灯に比べ，発光効率がよく，寿命が長いが，力率が悪い。

したがって，**ニ**である。

種類	発光原理	寿命	発光効率*	力率
白熱電灯	フィラメントに電流を流すと熱放射で発光	×	×	◎
		約1 000～2 000時間	約12 lm/W	100%
蛍光灯	フィラメントから発生させた電子を，ガラス管内部に封入された水銀粒子に衝突させ，そのときに発生する紫外線によってガラス管内壁の蛍光体を発光	○	○	△
		約13 000時間	約40～110 lm/W	約80～90%
LED	発光ダイオードと呼ばれる半導体に電気を流すと電気エネルギーを直接光に変換	◎	◎	×
		約40 000時間	約100 lm/W	約60%

*発光効率（lm/W）：照明機器の光源に与える電力［W］に対し，光源から発する全光束［lm］の効率を評価する指標

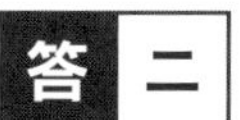

答 ニ

解答20

金属管工事において，絶縁ブッシングを使用する主な目的は，電線の被覆を損傷させないためである。

したがって，**イ**である。

なお，ロの電線の接続を容易にするために使用するものは，差込みコネクタやねじ込み形コネクタなどである。

ハの金属管を造営材に固定するために使用するものは，サドルなどである。

ニの金属管相互を接続するために使用するものは，カップリングなどである。

答 イ

金属管（鋼製電線管）の切断及び曲げ作業に使用する工具の組合せとして，**適切なものは**。

イ.	やすり	パイプレンチ	パイプベンダ
ロ.	やすり	金切りのこ	パイプベンダ
ハ.	リーマ	金切りのこ	トーチランプ
ニ.	リーマ	パイプレンチ	トーチランプ

令和 3 年（下期）午後 13 出題　同問：平成 30 年（上期）14
類問：2019 年（上期）13，平成 29 年（下期）14，平成 28 年（下期）15

必要に応じ，スターデルタ始動を行う電動機は。

イ. 三相かご形誘導電動機
ロ. 三相巻線形誘導電動機
ハ. 直流分巻電動機
ニ. 単相誘導電動機

令和 3 年（下期）午後 14 出題

合成樹脂管工事に使用される 2 号コネクタの使用目的は。

イ. 硬質ポリ塩化ビニル電線管相互を接続するのに用いる。
ロ. 硬質ポリ塩化ビニル電線管をアウトレットボックス等に接続するのに用いる。
ハ. 硬質ポリ塩化ビニル電線管の管端を保護するのに用いる。
ニ. 硬質ポリ塩化ビニル電線管と合成樹脂製可とう電線管とを接続するのに用いる。

令和 4 年（下期）午前 11 出題

鋼製電線管を金切りのこで切断し，やすりで管端の仕上げを行い，曲げ作業はパイプベンダを使用する。

したがって，**ロ**である。

答　ロ

スターデルタ始動を行う電動機は，**イ**の三相かご形誘導電動機である。始動時はスター結線にし，運転時はデルタ結線に切り替えて運転する。始動時には，1相に加わる電圧が $\frac{1}{\sqrt{3}}$ となり，始動電流を小さくできる。

なお，ロの三相巻線形誘導電動機の始動は，スリップリングに抵抗器を接続して始動する。

ハの直流分巻電動機は，界磁抵抗器により始動する。

ニの単相誘導電動機は，コンデンサ等を使用して始動する。

答　イ

2号コネクタは，硬質ポリ塩化ビニル電線管（VE管）をボックスに接続するときに使われる。

したがって，**ロ**である。

答　ロ

許容電流から判断して，公称断面積 1.25 mm^2 のゴムコード（絶縁物が天然ゴムの混合物）を使用できる最も消費電力の大きな電熱器具は。

ただし，電熱器具の定格電圧は 100 V で，周囲温度は 30℃以下とする。

イ．600 Wの電気炊飯器　　ロ．1 000 Wのオーブントースター

ハ．1 500 Wの電気湯沸器　　ニ．2 000 Wの電気乾燥器

令和３年（下期）午前 12 出題
同問：令和２年（下期）午前 12　類問：平成 25 年（下期）11

三相誘導電動機の始動電流を小さくするために用いられる方法は。

イ．三相電源の 3 本の結線を 3 本とも入れ替える。

ロ．三相電源の 3 本の結線のうち，いずれか 2 本を入れ替える。

ハ．コンデンサを取り付ける。

ニ．スターデルタ始動装置を取り付ける。

令和３年（下期）午前 14 出題
類問：2019 年（下期）午前 14

低圧電路に使用する定格電流 20 A の配線用遮断器に 40 A の電流が継続して流れたとき，この配線用遮断器が自動的に動作しなければならない時間［分］の限度（最大の時間）は。

イ．1　ロ．2　ハ．4　ニ．60

令和３年（下期）午前 15 出題
同問：平成 26 年（下期）11　類問：令和２年（下期）午前 15，2019 年（下期）15

内線規程 1340 － 2 より，公称断面積 1.25 mm^2 のコードの許容電流は，12 A である。

※ 65 ページの〈コードの許容電流〉参照

よって，使用できる電熱器具の最大消費電力 W［W］は，電圧を 100 V とすると，電流が 12 A であるから，

$$W = 100 \times 12 = 1\,200 \text{ W 以下}$$

したがって，**ロ**である。

答 ロ

スターデルタ始動では，始動時はスター結線にし，運転時はデルタ結線に切り替えて運転する。始動時は 1 相に加わる電圧が $\frac{1}{\sqrt{3}}$ となり，始動電流を小さくできる。

したがって，三相誘導電動機の始動電流を小さくするために用いられる方法は，**ニ**である。

なお，イは三相誘導電動機の回転方向は変えられない。
　　ロは三相誘導電動機の回転が逆になる。
　　ハは三相誘導電動機の力率改善に用いる。

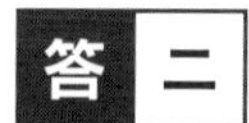

答 ニ

解答 26

電技解釈第 33 条による。

低圧電路に使用する配線用遮断器の定格電流 20 A に対して 40 A の電流は，$\frac{40\text{ A}}{20\text{ A}} = 2$ 倍の電流となる。

30 A 以下の低圧電路に施設する遮断器に定格電流の 2 倍の電流が継続して流れた場合，配線用遮断器の動作時間は 2 分以内でなければならない。

したがって，**ロ**である。

答 ロ

3 電気機器・材料・工具

定格周波数 60 Hz，極数 4 の低圧三相かご形誘導電動機の同期速度［min^{-1}］は。

イ．1 200　ロ．1 500　ハ．1 800　ニ．3 000

令和 5 年（上期）午前 14 出題

問題 28

コンクリート壁に金属管を取り付けるときに用いる材料及び工具の組合せとして，**適切なものは**。

イ．カールプラグ
ステープル
ホルソ
ハンマ

ロ．サドル
振動ドリル
カールプラグ
木ねじ

ハ．たがね
コンクリート釘
ハンマ
ステープル

ニ．ボルト
ホルソ
振動ドリル
サドル

令和 5 年（上期）午前 13 出題
同問：令和 3 年（上期）午後 13，平成 29 年（上期）14

低圧三相誘導電動機に対して低圧進相コンデンサを並列に接続する目的は。

イ．回路の力率を改善する。　ロ．電動機の振動を防ぐ。
ハ．電源の周波数の変動を防ぐ。　ニ．回転速度の変動を防ぐ。

令和 3 年（上期）午後 15 出題
同問：平成 24 年（上期）13

解答27

低圧三相かご形誘導電動機の同期速度 N_s [min^{-1}] は,

$$N_s = \frac{120f}{p} \text{ [min}^{-1}\text{]} \qquad p: 極数 \qquad f: 周波数$$

上式に周波数と極数を当てはめると,

$$N_s = \frac{120 \times 60}{4} = 1\,800 \text{ [min}^{-1}\text{]}$$

したがって,**ハ**である。

答 ハ

解答28

コンクリート壁に金属管を取り付ける工事は,コンクリートの壁に振動ドリルで穴をあけ,カールプラグを入れ,サドルと木ねじで金属管を取り付ける。

したがって,**ロ**である。

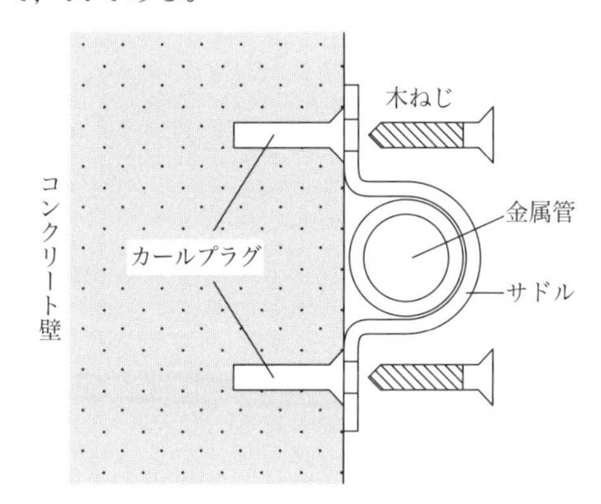

答 ロ

解答29

電動機のように,コイルに電流を流す機器では,電流の位相は電圧より遅れる。この位相差を小さくして力率を改善するために,コンデンサ(低圧進相コンデンサ)を回路と並列に接続する。

したがって,**イ**である。

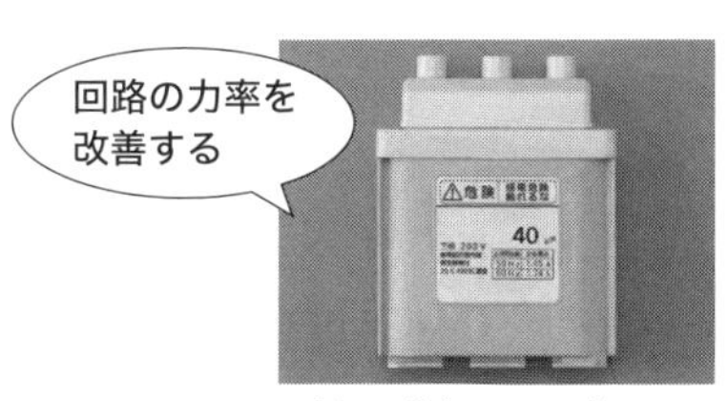

低圧進相コンデンサ

答 イ

問題30

エントランスキャップの使用目的は。

イ．主として垂直な金属管の上端部に取り付けて，雨水の浸入を防止するために使用する。
ロ．コンクリート打ち込み時に金属管内にコンクリートが浸入するのを防止するために使用する。
ハ．金属管工事で管が直角に屈曲する部分に使用する。
ニ．フロアダクトの終端部を閉そくするために使用する。

令和3年（上期）午前11出題
同問：平成24年（上期）11
類問：2019年（上期）23，平成26年（下期）23

問題31

耐熱性が最も優れているものは。

イ．600 V 二種ビニル絶縁電線
ロ．600 V ビニル絶縁電線
ハ．MI ケーブル
ニ．600 V ビニル絶縁ビニルシースケーブル

令和3年（上期）午前12出題

解答 30　エントランスキャップは屋外の金属管端に取り付けて，雨水の浸入を防止し，電線の被覆を保護する。ターミナルキャップと似ているが，電線の引き出し口が管方向と60°になっている（合成樹脂管用もある）。

したがって，**イ**である。

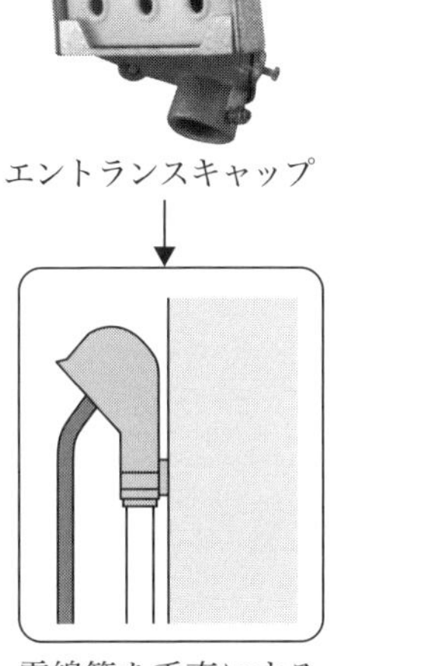

電線管を垂直にする

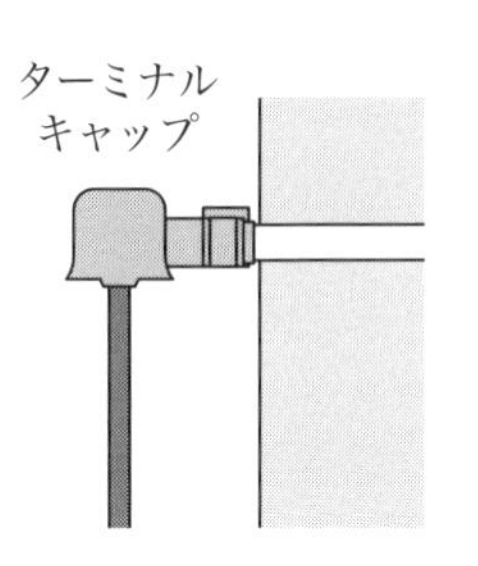

電線管を水平にする

答　イ

解答 31　イの600 V二種ビニル絶縁電線（HIV）は，75℃

ロの600 Vビニル絶縁電線（IV）は，60℃

ハのMIケーブル（無機絶縁ケーブル）は，耐熱（耐火配線用250℃）・耐水性などに最も優れ，広範囲に使用できる。

ニの600 Vビニル絶縁ビニルシースケーブル（VVR，VVF）は，60℃

したがって，**ハ**である。

答　ハ

直管 LED ランプに関する記述として，**誤っているものは**。

イ. すべての蛍光灯照明器具にそのまま使用できる。
ロ. 同じ明るさの蛍光灯と比較して消費電力が小さい。
ハ. 制御装置が内蔵されているものと内蔵されていないものとがある。
ニ. 蛍光灯に比べて寿命が長い。

令和 5 年（上期）午後 15 出題
同問：令和 3 年（上期）午前 15

写真に示す材料の用途は。

イ. 合成樹脂製可とう電線管相互を接続するのに用いる。
ロ. 合成樹脂製可とう電線管と硬質ポリ塩化ビニル電線管とを接続するのに用いる。
ハ. 硬質ポリ塩化ビニル電線管相互を接続するのに用いる。
ニ. 鋼製電線管と合成樹脂製可とう電線管とを接続するのに用いる。

令和 5 年（上期）午後 16 出題
同問：令和 3 年（下期）午後 16，平成 26 年（上期）16

直管LEDランプは，すべての蛍光灯器具にそのまま使用できない。ただし，点灯管タイプ（グロー点灯）のものは，ダミーの点灯管と取り替えれば使用できる。

したがって，**イ**である。

既設の照明器具との組み合わせ

①直流電源内蔵／商用電源直結形　➡既設の蛍光灯器具を改造し，配線工事が必要

②直流電源内蔵／既設安定器接続形➡同上

③直流電源非内蔵／直流入力形　➡工事不要，そのまま使用できる

照明器具メーカーは，指定したランプを使用しなかった場合，照明器具メーカーの製品保証対象外となる

答　イ

解答33

写真に示す材料の用途は，合成樹脂製可とう電線管相互を接続するのに用いる。名称は，PF管用カップリングである。

したがって，**イ**である。

答　イ

4章 電気工事の施工方法のポイント

1. 工事方法と施工場所

工事の種類	展開した場所		点検できる隠ぺい場所		点検できない隠ぺい場所	
	乾燥した場所	湿気の多い場所 水気のある場所	乾燥した場所	湿気の多い場所 水気のある場所	乾燥した場所	湿気の多い場所 水気のある場所
ケーブル工事	◎	◎	◎	◎	◎	◎
金属管工事	◎	◎	◎	◎	◎	◎
金属可とう電線管工事（2種）	◎	◎	◎	◎	◎	◎
合成樹脂管工事（CD管除く）	◎	◎	◎	◎	◎	◎
金属線ぴ工事	○		○			
金属ダクト工事	◎		◎			
ライティングダクト工事	○		○			
フロアダクト工事					○	
バスダクト工事	◎	○	◎			
セルラダクト工事			○		○	
がいし引き工事	◎	◎	◎	◎		
平形保護層工事			○			

○：300 V以下に限る

- ケーブル工事・管工事➡どこでも工事ができる（電線の損傷の恐れが少ない）
- がいし引き工事　➡点検できない場所は工事ができない（配線がむきだし）
- ダクト工事　➡湿気の多い場所と点検できない場所は工事ができない（感電・漏電の恐れあり）

施設場所	定義	場所・部屋
展開した場所（露出場所）	点検できない隠ぺい場所及び点検できる隠ぺい場所以外の場所	壁面や天井面など，配線が目視できる場所
点検できる隠ぺい場所	点検口がある天井裏，戸棚又は押入れ等，容易に電気設備に接近し，又は電気設備を点検できる隠ぺい場所	屋根裏，押入れ等，点検口から点検できる場所
点検できない隠ぺい場所	天井ふところ，壁内又はコンクリート床内等，工作物を破壊しなければ電気設備に接近し，又は電気設備を点検できない場所	床下，壁内，天井ふところなど，一部を壊さないと近づけない場所
湿気の多い又は水蒸気のある場所	水蒸気が充満する場所又は湿度が著しく高い場所	台所・浴室・洗面所・トイレ など
乾燥した場所	湿気の多い場所および水気のある場所以外の場所	押入れ・寝室・廊下・茶の間 など

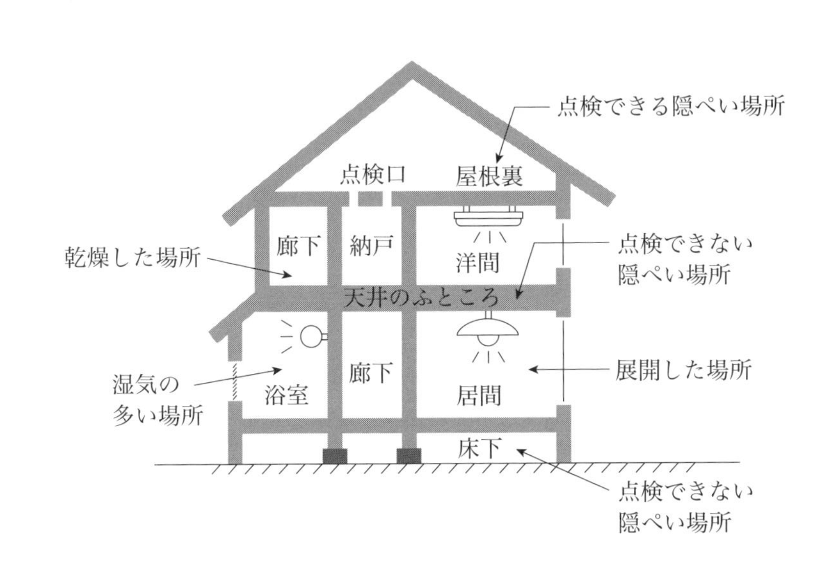

2. 金属管工事

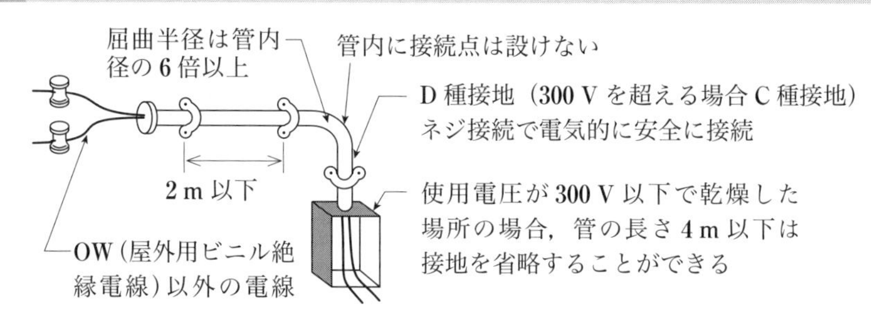

3. 合成樹脂管工事

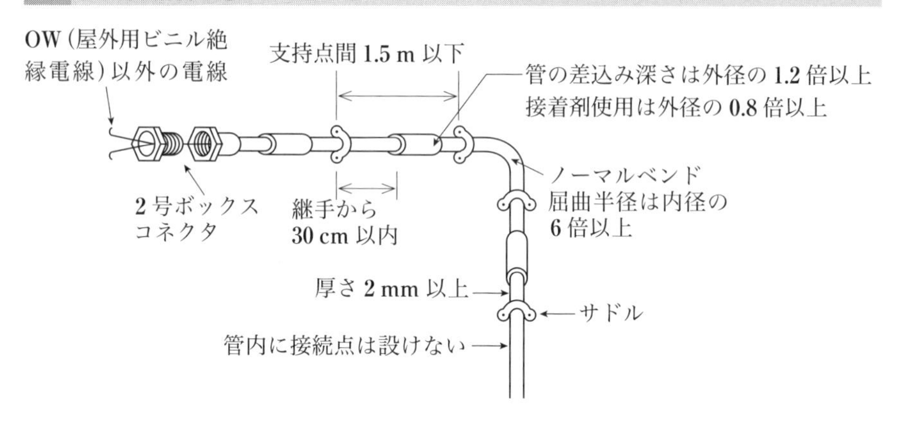

4. 接地工事

<table>
<tr><th>種類</th><th>主な施設場所</th><th colspan="2">接地抵抗値</th><th>接地線の太さ</th></tr>
<tr><td>A 種</td><td>高圧機器の金属製外箱</td><td colspan="2">10 Ω以下</td><td rowspan="2">2.6 mm 以上</td></tr>
<tr><td>B 種</td><td>変圧器低圧側の 1 端子</td><td colspan="2">［150/（1 線地絡電流）］Ω以下</td></tr>
<tr><td>C 種</td><td>300 V 超の低圧機器の金属製外箱</td><td>10 Ω以下</td><td rowspan="2">0.5 秒以内に動作する漏電遮断器を施設した場合は 500 Ω以下</td><td rowspan="2">1.6 mm 以上</td></tr>
<tr><td>D 種</td><td>300 V 以下の低圧機器の金属製外箱</td><td>100 Ω 以下</td></tr>
</table>

5. 漏電遮断器の施設を省略できる場合

- 機械器具に簡易接触防護措置設備に人が容易に接触しないように講ずる措置を施す場合
- 機械器具を乾燥した場所に施設する場合
- 対地電圧 150 V 以下の機械器具を水気のある場所以外の場所に施設する場合
- 機械器具に施されたC種接地工事またはD種接地工事の接地抵抗値が3 Ω以下の場合
- 電気用品安全法の適用を受ける二重絶縁構造の機械器具を施設する場合

6. 屋内配線の離隔距離表

配線種類	低圧ケーブル配線	高圧ケーブル配線	弱電流電線	光ファイバケーブル	ガス管・水道管
低圧ケーブル配線		15cm 以上*	接触しないこと	接触してもよい	接触しないこと
高圧ケーブル配線	15cm 以上*	15cm 以上*	15cm 以上*	15cm 以上*	15cm 以上*

＊電技解釈第 168 条（電気設備の技術基準の解釈➡電技解釈）
下記のいずれかの場合は離隔距離を 15cm 以内とできる。
・高圧ケーブルと他の屋内電線等との間に耐火性のある堅ろうな隔壁を設ける。
・高圧ケーブルを耐火性のある堅ろうな管に収める。
・他の高圧屋内配線がケーブルである場合。

7. 対地電圧の制限（電技解釈第 143 条）

場所	対地電圧	備考
住宅	150 V 以下	原則
	300 V 以下	2 kW 以上の電気機械器具
住宅以外の場所の屋内	150 V 以下	原則
	300 V 以下	簡易接触防護措置

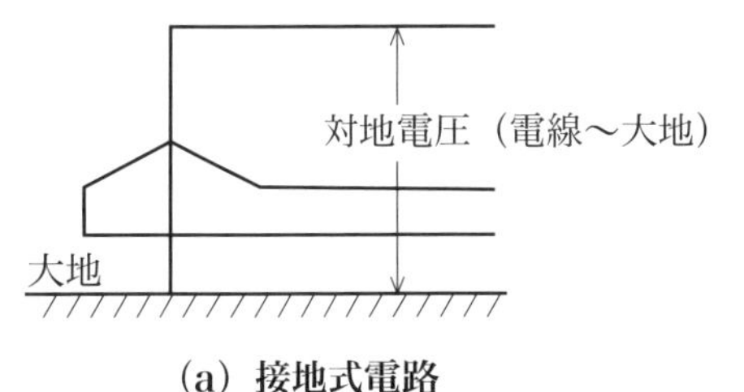

(a) 接地式電路

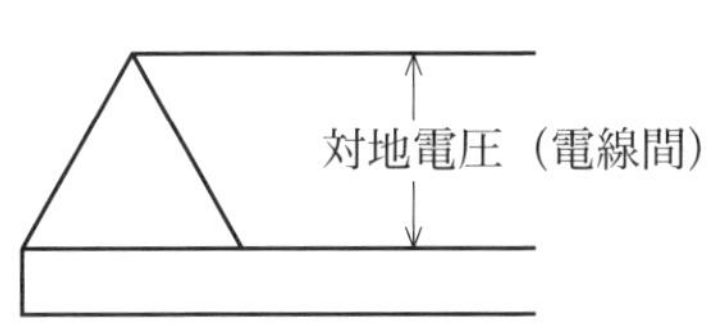

(b) 非接地式電路

問題01 単相3線式100/200 Vの屋内配線工事で漏電遮断器を**省略できないものは**。

イ． 乾燥した場所の天井に取り付ける照明器具に電気を供給する電路

ロ． 小勢力回路の電路

ハ． 簡易接触防護措置を施してない場所に施設するライティングダクトの電路

ニ． 乾燥した場所に施設した，金属製外箱を有する使用電圧200 Vの電動機に電気を供給する電路

令和3年（下期）午後21出題
同問：平成25年（下期）22

問題02 電気設備の簡易接触防護措置としての最小高さの組合せとして，**正しいものは**。

ただし，人が通る場所から容易に触れることのない範囲に施設する。

屋内で床面からの最小高さ［m］	屋外で地表面からの最小高さ［m］
a　1.6	e　2
b　1.7	f　2.1
c　1.8	g　2.2
d　1.9	h　2.3

イ． a，h　**ロ．** b，g　**ハ．** c，e　**ニ．** d，f

令和4年（上期）午前20出題

解答01

電技解釈第165条（特殊な低圧屋内電線工事）により，ライティングダクト工事では，簡易接触防護措置を施している場所ならば漏電遮断器を省略できる。

したがって，単相3線式100/200 Vの屋内配線工事で漏電遮断器を省略できないものは，**ハ**である。

答 ハ

電技解釈第1条より，簡易接触防護措置：屋内で床面からの最小高さは1.8 m，屋外で地表面からの最小高さは2 mである。

したがって，**ハ**である。

	接触防護措置	簡易接触防護措置
屋内での電気設備の高さ（床上）	2.3 m 以上	1.8 m 以上
屋外での電気設備の高さ（地表上）	2.5 m 以上	2 m 以上
範囲	人が手を伸ばしても触れることのない範囲	人が通る場所から容易に触れることのない範囲

電技解釈第1条

- 接触防護措置：設備を，屋内にあっては床上2.3 m以上，屋外にあっては地表上2.5 m以上の高さに，かつ，人が通る場所から手を伸ばしても触れることのない範囲に施設すること
- 簡易接触防護措置：設備を，屋内にあっては床上1.8m以上，屋外にあっては地表上2.0 m以上の高さに，かつ，人が通る場所から容易に触れることのない範囲に施設すること

＊人が普通に歩いている状況で接触しない範囲

➡屋内1.8 m以上，屋外2 m以上

答 ハ

低圧屋内配線の図記号と，それに対する施工方法の組合せとして，**正しいものは**。

イ．- - - - - - -///- - - - - -
IV1.6（E19）
厚鋼電線管で天井隠ぺい配線。

ロ．———///———
IV1.6（PF16）
硬質ポリ塩化ビニル電線管で露出配線。

ハ．———///———
IV1.6（16）
合成樹脂製可とう電線管で天井隠ぺい配線。

ニ．- - - - - - -///- - - - - -
IV1.6（F2 17）
2 種金属製可とう電線管で露出配線。

令和 4 年（上期）午前 21 出題
類問：平成 28 年（下期）22，平成 25 年（上期）21

機械器具の金属製外箱に施す D 種接地工事に関する記述で，**不適切なものは**。

イ．三相 200 V 電動機外箱の接地線に直径 1.6 mm の IV 電線を使用した。

ロ．単相 100 V 移動式の電気ドリル（一重絶縁）の接地線として多心コードの断面積 0.75 mm^2 の 1 心を使用した。

ハ．単相 100 V の電動機を水気のある場所に設置し，定格感度電流 15mA，動作時間 0.1 秒の電流動作型漏電遮断器を取り付けたので，接地工事を省略した。

ニ．一次側 200 V，二次側 100 V，3 kV・A の絶縁変圧器（二次側非接地）の二次側電路に電動丸のこぎりを接続し，接地を施さないで使用した。

令和 4 年（上期）午前 22 出題
同問：平成 30 年（下期）22
類問：令和 2 年（下期）午後 22，平成 26 年（上期）20

解答03

JIS C 0303（構内電気設備の配線用図記号）により，低圧屋内配線の図記号と，それに対する施工方法の組合せとして，正しいものは**ニ**である。

なお，イは，19 mm のねじなし電線管で露出配線である。

ロは，16 mm の合成樹脂製可とう電線管で天井隠ぺい配線である。

ハは，16 mm の厚鋼電線管で天井隠ぺい配線である。

答 ニ

解答04

電技解釈第 29 条により，水気のある場所では，定格感度電流 15 mA，動作時間 0.1 秒の電流動作型漏電遮断器を設置しても，D 種接地工事は省略できない。

したがって，**ハ**である。

なお，イ，ロ，ニは電技解釈第 17 条，第 29 条により，適切である。

答 ハ

硬質ポリ塩化ビニル電線管による合成樹脂管工事として，**不適切なものは**。

イ．管の支持点間の距離は 2 m とした。

ロ．管相互及び管とボックスとの接続で，専用の接着剤を使用し，管の差込み深さを管の外径の 0.9 倍とした。

ハ．湿気の多い場所に施設した管とボックスとの接続箇所に，防湿装置を施した。

ニ．三相 200 V 配線で，簡易接触防護措置を施した場所に施設した管と接続する金属製プルボックスに，D 種接地工事を施した。

令和 4 年（上期）午前 23 出題

問題 06

単相 3 線式 100/200 V の屋内配線で，絶縁被覆の色が赤色，白色，黒色の 3 種類の電線が使用されていた。この屋内配線で電線相互間及び電線と大地間の電圧を測定した。その結果としての電圧の組合せで，**適切なものは**。

ただし，中性線は白色とする。

イ．黒色線と大地間 100 V
白色線と大地間 200 V
赤色線と大地間 0 V

ロ．黒色線と白色線間 100 V
黒色線と大地間 0 V
赤色線と大地間 200 V

ハ．赤色線と黒色線間 200 V
白色線と大地間 0 V
黒色線と大地間 100 V

ニ．黒色線と白色線間 200 V
黒色線と大地間 100 V
赤色線と大地間 0 V

令和 4 年（上期）午前 24 出題

硬質ポリ塩化ビニル電線管による合成樹脂管工事では，管の支持点間の距離は 1.5 m 以下とする。

したがって，**イ**である。

答　イ

単相 3 線式 100/200 V の屋内配線で電線相互間及び電線と大地（対地）間の電圧は，下図の通りである。

よって，赤色線と黒色線間は 200 V

白色線と大地（対地）間は 0 V

黒色線と大地（対地）間は 100 V

したがって，**ハ**である。

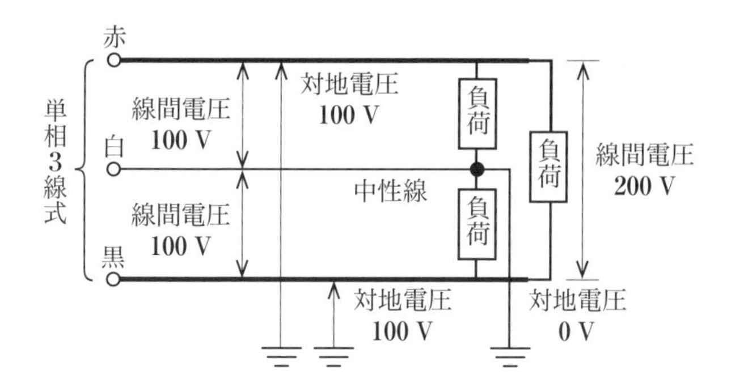

答　ハ

問題07

住宅（一般用電気工作物）に系統連系型の発電設備（出力 5.5 kW）を，図のように，太陽電池，パワーコンディショナ，漏電遮断器（分電盤内），商用電源側の順に接続する場合，取り付ける漏電遮断器の種類として，**最も適切なものは**。

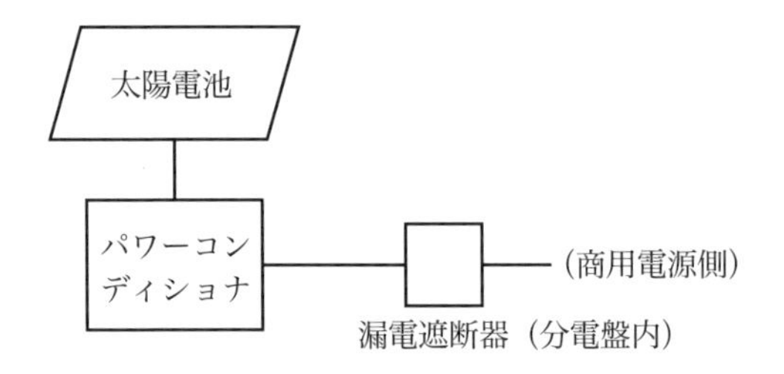

イ．漏電遮断器（過負荷保護なし）
ロ．漏電遮断器（過負荷保護付）
ハ．漏電遮断器（過負荷保護付 高感度形）
ニ．漏電遮断器（過負荷保護付 逆接続可能型）

令和５年（上期）午前 21 出題

D 種接地工事の施工方法として，**不適切なものは**。

イ．移動して使用する電気機械器具の金属製外箱の接地線として，多心キャブタイヤケーブルの断面積 0.75 mm^2 の 1 心を使用した。
ロ．低圧電路に地絡を生じた場合に 0.5 秒以内に自動的に電路を遮断する装置を設置し，接地抵抗値が 300 Ω であった。
ハ．単相 100 V の電動機を水気のある場所に設置し，定格感度電流 30 mA，動作時間 0.1 秒の電流動作型漏電遮断器を取り付けたので，接地工事を省略した。
ニ．ルームエアコンの接地線として，直径 1.6 mm の軟銅線を使用した。

令和３年（下期）午後 22 出題
同問：平成 29 年（上期）23

解答 07 系統連系している分電盤には，漏電遮断器（過負荷保護付 逆接続可能型）を取り付ける。

逆接続可能型ブレーカーとは，1次側と2次側の接続を逆にしても使用できるブレーカーである。

太陽電池で発電した電力で，住宅の必要な電力をまかない，余った電力を系統に送り込む。

したがって，**ニ**である。

答 ニ

解答 08 電技解釈第29条により，水気のある場所では，定格感度電流30 mA，動作時間0.1秒の電流動作型漏電遮断器を設置しても，D種接地工事は省略できない。

なお，水気のある場所以外であれば，定格感度15 mA，動作時間0.1秒の電流動作型漏電遮断器を設置すれば，D種接地工事を省略できる。

したがって，**ハ**である。

イ，ロ，ニは電技解釈第17条により，適切である。

答 ハ

低圧屋内配線の合成樹脂管工事で，合成樹脂管（合成樹脂製可とう電線管及びCD管を除く）を造営材の面に沿って取り付ける場合，管の支持点間の距離の最大値［m］は。

イ． 1　　**ロ．** 1.5　　**ハ．** 2　　**ニ．** 2.5

令和3年（下期）午後23出題
同問：平成30年（上期）23

問題10

低圧屋内配線工事で，600Vビニル絶縁電線（軟銅線）をリングスリーブ用圧着工具とリングスリーブE形を用いて終端接続を行った。接続する電線に適合するリングスリーブの種類と圧着マーク（刻印）の組合せで，a～dのうちから**不適切なものを全て選んだ組合せとして，正しいものは**。

	接続する電線の太さ（直径）及び本数	リングスリーブの種類	圧着マーク（刻印）
a	1.6 mm　2本	小	○
b	1.6 mm　2本と 2.0 mm　1本	中	中
c	1.6 mm　4本	中	中
d	1.6 mm　1本と 2.0 mm　2本	中	中

イ． a，b　　**ロ．** b，c　　**ハ．** c，d　　**ニ．** a，d

令和3年（下期）午前19出題

電技解釈第 158 条（合成樹脂管工事）により，管の支持点間の距離は 1.5 m 以下である。

したがって，**ロ**である。

答　ロ

解答 10

内線規程 1335 − 2 表による。

電線とリングスリーブ組合せの下表より，不適切なものの組合せは**ロ**の b，c である。

●電線とリングスリーブ組合せ

接続電線		リングスリーブ	
太さ	本数	サイズ	圧着マーク
1.6 mm	2 本	小	○
	3 ～ 4 本	小	小
	5 ～ 6 本	中	中
2.0 mm	2 本	小	小
	3 ～ 4 本	中	中
2.0 mm（1 本）＋ 1.6 mm（1 ～ 2 本）		小	小
2.0 mm（1 本）＋ 1.6 mm（3 ～ 5 本）		中	中
2.0 mm（2 本）＋ 1.6 mm（1 ～ 3 本）			
2.6 mm 又は 5.5 mm^2	2 本	中	中
	3 本	大	大

答　ロ

D 種接地工事を**省略できないものは**。
ただし，電路には定格感度電流 15 mA，動作時間が 0.1 秒以下の電流動作型の漏電遮断器が取り付けられているものとする。

イ．乾燥した場所に施設する三相 200 V（対地電圧 200 V）動力配線の電線を収めた長さ 3 m の金属管。
ロ．乾燥した木製の床の上で取り扱うように施設する三相 200 V（対地電圧 200 V）空気圧縮機の金属製外箱部分。
ハ．水気のある場所のコンクリートの床に施設する三相 200 V（対地電圧 200 V）誘導電動機の鉄台。
ニ．乾燥した場所に施設する単相 3 線式 100/200 V（対地電圧 100 V）配線の電線を収めた長さ 7 m の金属管。

令和 3 年（下期）午前 20 出題
同問：平成 27 年（下期）22，平成 24 年（下期）20
類問：令和 3 年（上期）午後 22，2019 年（下期）22

問題 12

使用電圧 200 V の三相電動機回路の施工方法で，**不適切なものは**。

イ．湿気の多い場所に 1 種金属製可とう電線管を用いた金属可とう電線管工事を行った。
ロ．造営材に沿って取り付けた 600 V ビニル絶縁ビニルシースケーブルの支持点間の距離を 2 m 以下とした。
ハ．金属管工事に 600 V ビニル絶縁電線を使用した。
ニ．乾燥した場所の金属管工事で，管の長さが 3 m なので金属管の D 種接地工事を省略した。

令和 3 年（下期）午前 21 出題
同問：平成 30 年（上期）21，平成 29 年（下期）21
類問：平成 25 年（上期）23

解答 11

電技解釈第 29 条（機械器具の金属製外箱等の接地）により，水気のある場所では，定格感度電流 15 mA，動作時間 0.1 秒以下の漏電遮断器が取り付けられていても，D 種接地工事は省略できない。

したがって，**ハ**である。

答 ハ

解答 12

電技解釈第 160 条（金属可とう電線管工事）により，1 種金属製可とう電線管は，湿気の多い場所では使用できない。しかし，2 種金属製可とう電線管は防湿装置を施せば使用できる。

したがって，**イ**である。

なお，ロは，電技解釈第 164 条（ケーブル工事）により，適切である。

ハとニは，電技解釈第 159 条（金属管工事）により，適切である。

答 イ

問題13　低圧屋内配線の金属可とう電線管（使用する電線管は2種金属製可とう電線管とする）工事で，**不適切なものは**。

イ． 管の内側の曲げ半径を管の内径の6倍以上とした。
ロ． 管内に600 V ビニル絶縁電線を収めた。
ハ． 管とボックスとの接続にストレートボックスコネクタを使用した。
ニ． 管と金属管（鋼製電線管）との接続にTSカップリングを使用した。

令和5年（上期）午前23出題
同問：令和3年（上期）午前23

問題14　三相誘導電動機回路の力率を改善するために，低圧進相コンデンサを接続する場合，その接続場所及び接続方法として，**最も適切なものは**。

イ． 手元開閉器の負荷側に電動機と並列に接続する。
ロ． 主開閉器の電源側に各台数分をまとめて電動機と並列に接続する。
ハ． 手元開閉器の負荷側に電動機と直列に接続する。
ニ． 手元開閉器の電源側に電動機と並列に接続する。

令和3年（下期）午前22出題
同問：平成27年（上期）20

参考

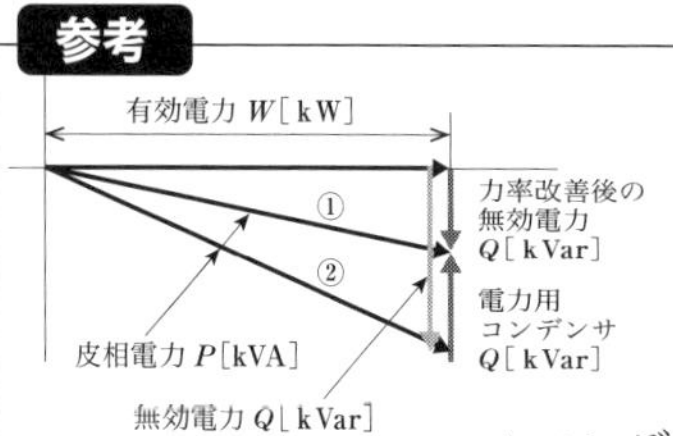

有効電力 W [kW]　：負荷で消費される電力
　　　　　　　　　➡負荷でする仕事
無効電力 Q [k Var]：負荷で消費されない電力
皮相電力 P [k VA]：電源が送り出す電力

＊コンデンサ設置➡皮相電力減少➡供給電力減少➡省エネ
　①の長さ＜②の長さ

解答13　金属可とう電線管と金属管（鋼製電線管）との接続には，コンビネーションカップリングを用いる。TSカップリングは，合成樹脂管相互の接続に用いる。

したがって，**ニ**である。

なお，イ，ロ，ハは正しい。

答　ニ

解答14　配線図の具体例として基本的な動力配線図を示す。下図より，三相誘導電動機回路の力率改善のため，低圧進相コンデンサを接続する場合の場所及び接続方法は，手元開閉器の負荷側に電動機と並列に接続する。

したがって，最も適切なものは**イ**である。

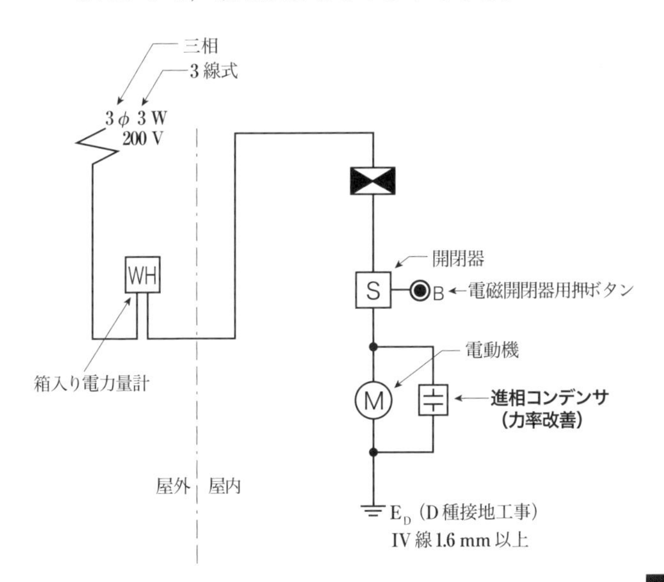

答　イ

問題15

金属管工事による低圧屋内配線の施工方法として，**不適切なものは**。

イ. 太さ 25 mm の薄鋼電線管に断面積 8 mm^2 の 600 V ビニル絶縁電線 3 本を引き入れた。

ロ. 太さ 25 mm の薄鋼電線管相互の接続にコンビネーションカップリングを使用した。

ハ. 薄鋼電線管とアウトレットボックスとの接続部にロックナットを使用した。

ニ. ボックス間の配管でノーマルベンドを使った屈曲箇所を 2 箇所設けた。

令和 3 年（下期）午前 23 出題

単相 100 V の屋内配線工事における絶縁電線相互の接続で，次のような箇所があった。

a ～ d のうちから**適切なものを全て選んだ組合せとして，正しいものは**。

a：電線の絶縁物と同等以上の絶縁効力のあるもので十分に被覆した。

b：電線の引張強さが 10 %減少した。

c：電線の電気抵抗が 5 %増加した。

d：電線の電気抵抗を増加させなかった。

イ. a のみ　**ロ.** b 及び c　**ハ.** b 及び d　**ニ.** a，b 及び d

令和 3 年（上期）午後 19 出題

解答 15

コンビネーションカップリングは，金属管と 2 種金属製可とう電線管（プリカチューブ）を接続するのに用いる。また，薄鋼電線管相互の接続に用いるのは，カップリングである。

したがって，**ロ**である。

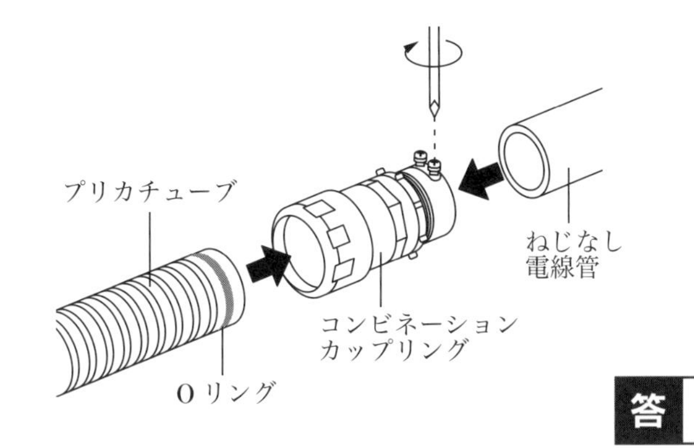

答 ロ

解答 16

電技解釈第 12 条により，電線間接続は下記による。

①電線の電気抵抗を増加させない。

②電線の引張強さを 20 %以上減少させない。

③接続部にはスリーブなどの接続器を用いるか，電線相互をろう付けする。

④接続部は電線の絶縁物と同等以上の絶縁効力のある器具を使用するか，絶縁テープなどで十分に被覆する。

したがって，**ニ**である。

答 ニ

使用電圧 300 V 以下の低圧屋内配線の工事方法として，**不適切なものは**。

イ．金属可とう電線管工事で，より線（600 V ビニル絶縁電線）を用いて，管内に接続部分を設けないで収めた。

ロ．ライティングダクト工事で，ダクトの開口部を下に向けて施設した。

ハ．合成樹脂管工事で，施設する低圧配線と水管が接触していた。

ニ．金属ダクト工事で，電線を分岐する場合，接続部分に十分な絶縁被覆を施し，かつ，接続部分を容易に点検できるようにしてダクトに収めた。

令和 3 年（上期）午後 20 出題
類問：平成 28 年（上期）22

同一敷地内の車庫へ使用電圧 100 V の電気を供給するための低圧屋側配線部分の工事として，**不適切なものは**。

イ．600 V 架橋ポリエチレン絶縁ビニルシースケーブル（CV）によるケーブル工事

ロ．硬質ポリ塩化ビニル電線管（VE）による合成樹脂管工事

ハ．1 種金属製線ぴによる金属線ぴ工事

ニ．600 V ビニル絶縁ビニルシースケーブル丸形（VVR）によるケーブル工事

令和 4 年（下期）午前 20 出題
類問：令和 3 年（下期）午後 20，平成 29 年（上期）22

解答 17

イは，電技解釈第 160 条により，適切である。
ロは，電技解釈第 165 条により，適切である。
ハは，電技解釈第 167 条（低圧配線と弱電流電線等又は水管等との接近又は交差）により，水管等と接触しないように施設しなければならないので，不適切である。
ニは，電技解釈第 162 条により，適切である。
したがって，**ハ**である。

答 ハ

解答 18

1 種金属製線ぴによる金属線ぴ工事は，乾燥している所だけで施工できる。低圧屋側配線部分とは建物の屋外側面のことで，乾燥している場所ではないので，不適切である。

イとニは，ケーブル工事なので，場所を選ばず工事ができる。
ロも場所を選ばず工事ができる。
したがって，**ハ**である。

答 ハ

問題 19　図に示す一般的な低圧屋内配線の工事で，スイッチボックス部分の回路は。ただし，ⓐは電源からの非接地側電線（黒色），ⓑは電源からの接地側電線（白色）を示し，負荷には電源からの接地側電線が直接に結線されているものとする。

なお，パイロットランプは 100 V 用を使用する。

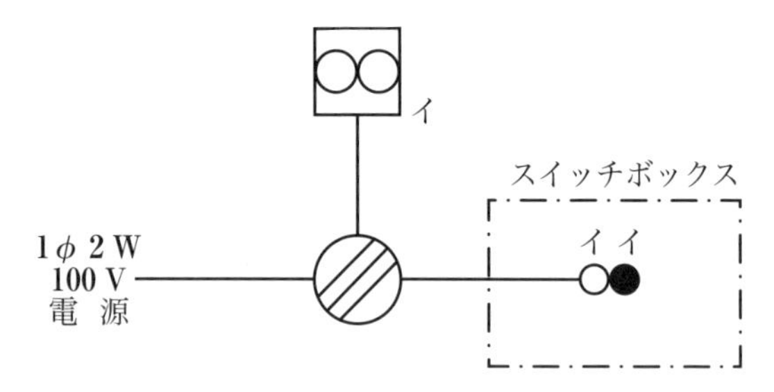

○は確認表示灯（パイロットランプ）を示す。

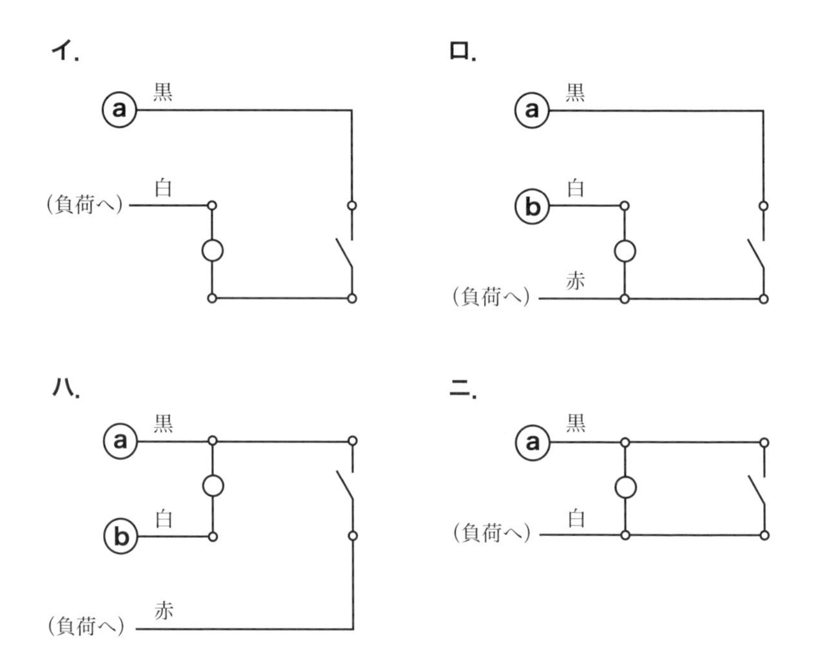

令和 3 年（上期）午後 21 出題
同問：平成 27 年（上期）23

問題のスイッチボックス部分の回路は，**ロ**である。

これは，スイッチを入れて換気扇が回ると同時にパイロットランプが点灯する同時点灯回路である。

なお，イは，パイロットランプが点灯するだけで，換気扇は回らない。

ハは，パイロットランプが常時点灯し，スイッチを入れると換気扇が回る。

ニは，パイロットランプが常時点灯し，スイッチを入れると回路は短絡を起こす。

低圧屋内配線工事で，600 V ビニル絶縁電線を合成樹脂管に収めて使用する場合，その電線の許容電流を求めるための電流減少係数に関して，同一管内の電線数と電線の電流減少係数との組合せで，**誤っているものは**。

ただし，周囲温度は 30℃以下とする。

イ．2 本　0.80　　ロ．4 本　0.63

ハ．5 本　0.56　　ニ．7 本　0.49

令和 3 年（上期）午後 23 出題
類問：平成 30 年（下期）23，平成 24 年（上期）22

問題21

次表は単相 100 V 屋内配線の施設場所と工事の種類との施工の可否を示す表である。表中の a ～ f のうち，**「施設できない」ものを全て選んだ組合せとして，正しいものは**。

施設場所の区分	工事の種類		
	合成樹脂管工事（CD管を除く）	ケーブル工事	ライティングダクト工事
展開した場所で湿気の多い場所	a	c	e
点検できる隠ぺい場所で乾燥した場所	b	d	f

イ．a，f　　ロ．e のみ　　ハ．b のみ　　ニ．e，f

令和 3 年（上期）午前 19 出題

電技解釈第146条の146 － 4表により，3本以下は0.70である。したがって，誤っているものは**イ**である。

同一管内の電線数	電流減少係数
3以下	0.70
4	0.63
5または6	0.56
7以上15以下	0.49

答 イ

電技解釈第156条，156 － 1表により，展開した場所で湿気の多い場所では，ライティングダクト工事はできない。

したがって，「施設できない」ものは，「eのみ」の**ロ**である。

156 － 1表

施設場所の区分		使用電圧の区分	工事の種類											
			がいし引き工事	合成樹脂管工事	金属管工事	金属可とう電線管工事	金属線ぴ工事	金属ダクト工事	バスダクト工事	ケーブル工事	フロアダクト工事	セルラダクト工事	**ライティングダクト工事**	平形保護層工事
展開した場所	乾燥した場所	300 V以下	○	○	○	○	○	○	○	○			○	
		300 V超過	○	○	○	○		○	○	○				
	湿気の多い場所又は水気のある場所	300 V以下	○	○	○	○			○	○				
		300 V超過	○	○	○	○				○				
点検できる隠ぺい場所	乾燥した場所	300 V以下	○	○	○	○	○	○	○	○		○	○	○
		300 V超過	○	○	○	○		○	○	○				
	湿気の多い場所又は水気のある場所	—	○	○	○	○				○				
点検できない隠ぺい場所	乾燥した場所	300 V以下		○	○	○				○	○	○		
		300 V超過		○	○	○				○				
	湿気の多い場所又は水気のある場所	—		○	○	○				○				

（備考）○は，使用できることを示す。

答 ロ

低圧屋内配線工事（臨時配線工事の場合を除く）で，600 V ビニル絶縁ビニルシースケーブルを用いたケーブル工事の施工方法として，**適切なものは**。

イ. 接触防護措置を施した場所で，造営材の側面に沿って垂直に取り付け，その支持点間の距離を 8 m とした。

ロ. 金属製遮へい層のない電話用弱電流電線と共に同一の合成樹脂管に収めた。

ハ. 建物のコンクリート壁の中に直接埋設した。

ニ. 丸形ケーブルを，屈曲部の内側の半径をケーブル外径の 8 倍にして曲げた。

令和 5 年（上期）午前 20 出題
同問：令和 3 年（上期）午前 20

問題23

金属管工事で金属管とアウトレットボックスとを電気的に接続する方法として，**施工上**，**最も適切なものは**。

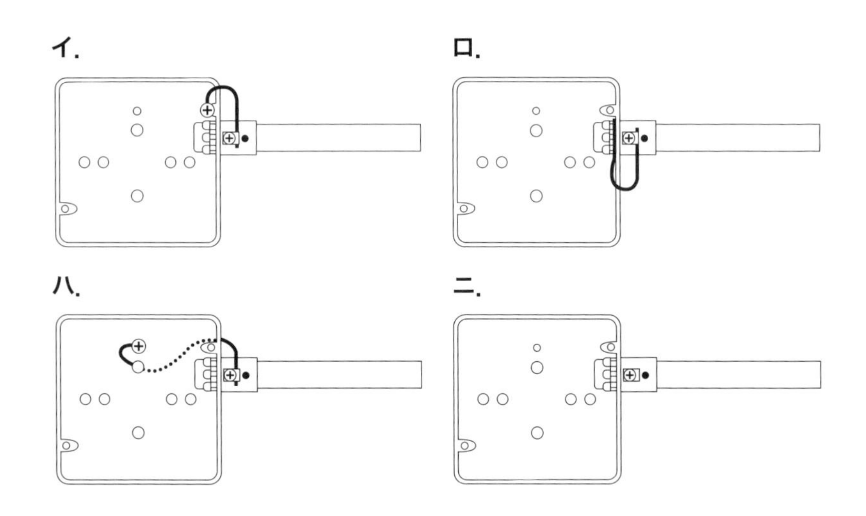

令和 3 年（上期）午前 21 出題

内線規程 3165 － 4（ケーブルの屈曲）により，その屈曲部の内側の半径は，ケーブルの仕上がり外径の 6 倍（単心のものにあっては，8 倍）以上とする。

したがって，適切なものは**ニ**である。

なお，イは，電技解釈第 164 条により，垂直の場合，支持点間の距離は 6 m 以下である。

ロは，電技解釈第 167 条により，金属遮へい層のない弱電流電線と同一の管に収めることはできない。

ハは，電技解釈第 164 条により，600 V ビニル絶縁ビニルシースケーブルはコンクリートに直接埋設できない。MI ケーブル，コンクリート直埋用ケーブルならできる。

解答 23

施工上，最も適切なのは**ハ**である。

イは，カバーの取付け位置にアース線を取り付けている。

ロは，アースが不完全である。

ニは，アース線がない。

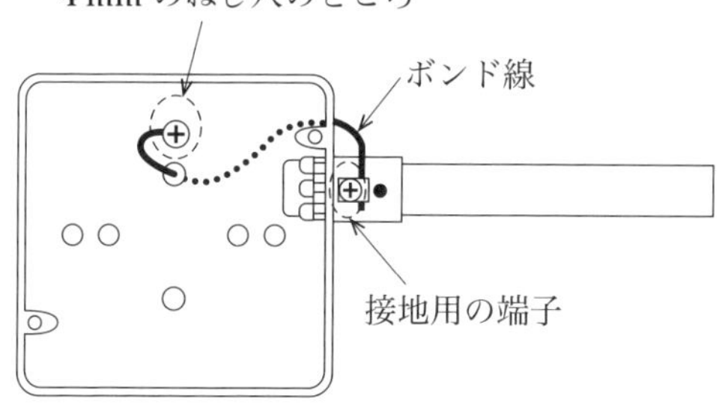

答 ハ

4

電気工事の施工方法

ケーブル工事による低圧屋内配線で，ケーブルと弱電流電線の接近又は交差する箇所が a ～ d の 4 箇所あった。a ～ d のうちから**適切なものを全て選んだ組合せとして，正しいものは**。

a：弱電流電線と交差する箇所で接触していた。

b：弱電流電線と重なり合って接触している長さが 3 m あった。

c：弱電流電線と接触しないように離隔距離を 10 cm 離して施設していた。

d：弱電流電線と接触しないように堅ろうな隔壁を設けて施設していた。

イ．d**のみ**　**ロ**．c，d　**ハ**．b，c，d　**ニ**．a，b，c，d

令和 3 年（上期）午前 22 出題

問題25

木造住宅の金属板張り（金属系サイディング）の壁を貫通する部分の低圧屋内配線工事として，**適切なものは**。

ただし，金属管工事，金属可とう電線管工事に使用する電線は，600 V ビニル絶縁電線とする。

イ． ケーブル工事とし，壁の金属板張りを十分に切り開き，600 V ビニル絶縁ビニルシースケーブルを合成樹脂管に収めて電気的に絶縁し，貫通施工した。

ロ． 金属管工事とし，壁に小径の穴を開け，金属板張りと金属管とを接触させ金属管を貫通施工した。

ハ． 金属可とう電線管工事とし，壁の金属板張りを十分に切り開き，金属製可とう電線管を壁と電気的に接続し，貫通施工した。

ニ． 金属管工事とし，壁の金属板張りと電気的に完全に接続された金属管に D 種接地工事を施し，貫通施工した。

平成 30 年（下期）20 出題
同問：平成 28 年（下期）23　類問：平成 25 年（下期）21

電技解釈第 167 条に，以下のように規定されている。

①低圧配線と弱電流電線等又は水管等との離隔距離は，10 cm（電線が裸電線である場合は，30 cm）以上とすること。

②低圧配線の使用電圧が 300 V 以下の場合において，低圧配線と弱電流電線等又は水管等との間に絶縁性の隔壁を堅ろうに取り付けること。

③低圧配線の使用電圧が 300 V 以下の場合において，低圧配線を十分な長さの難燃性及び耐水性のある堅ろうな絶縁管に収めて施設すること。

したがって，適切なものは c，d の**ロ**である。

解答 25

電技解釈第 145 条により，メタルラス張り，ワイヤラス張りまたは金属板張り等の配線工事では，これらと電気的に接続しないように施設しなければならない。

したがって，木造住宅の金属板張り（金属系サイディング）の壁を貫通する部分の低圧屋内配線工事として，適切なものは**イ**である。

メタルラス（壁の中に張られた金網のようなもの）
絶縁管で絶縁
電線
金属管とメタルラスが接触してはだめ
金属管
木造の造営材
絶縁管（合成樹脂管など）
十分に切り開く

答 イ

使用電圧 100 V の屋内配線の施設場所による工事の種類として，**適切なものは**。

イ．点検できない隠ぺい場所であって，乾燥した場所の金属線ぴ工事
ロ．点検できない隠ぺい場所であって，湿気の多い場所の平形保護層工事
ハ．展開した場所であって，湿気の多い場所のライティングダクト工事
ニ．展開した場所であって，乾燥した場所の金属ダクト工事

令和 2 年（下期）午後 20 出題
類問：令和 2 年（下期）午前 19，2019 年（下期）20，平成 29 年（上期）21，
平成 27 年（上期）22

使用電圧 100 V の屋内配線で，湿気の多い場所における工事の種類として，**不適切なものは**。

イ．展開した場所で，ケーブル工事
ロ．展開した場所で，金属線ぴ工事
ハ．点検できない隠ぺい場所で，防湿装置を施した金属管工事
ニ．点検できない隠ぺい場所で，防湿装置を施した合成樹脂管工事（CD 管を除く）

令和 2 年（下期）午前 19 出題
同問：平成 25 年（上期）22

電技解釈第156条，156－1表により，展開した場所であって，乾燥した場所の金属ダクト工事は適切である。

したがって，**ニ**である。

156－1表

施設場所の区分		使用電圧の区分	工事の種類											
			がいし引き工事	合成樹脂管工事	金属管工事	金属可とう電線管工事	**金属線ぴ工事**	**金属ダクト工事**	バスダクト工事	ケーブル工事	フロアダクト工事	セルラダクト工事	ライティングダクト工事	平形保護層工事
展開した場所	乾燥した場所	300 V 以下	○	○	○	○	○	○	○	○			○	
		300 V 超過	○	○	○	○		○	○	○				
	湿気の多い場所又は水気のある場所	300 V 以下	○	○	○	○			○	○				
		300 V 超過	○	○	○	○				○				
点検できる隠ぺい場所	乾燥した場所	300 V 以下	○	○	○	○	○	○	○	○		○	○	○
		300 V 超過	○	○	○	○		○	○	○				
	湿気の多い場所又は水気のある場所	—	○	○	○	○				○				
点検できない隠ぺい場所	乾燥した場所	300 V 以下		○	○	○				○	○	○		
		300 V 超過		○	○	○				○				
	湿気の多い場所又は水気のある場所	—		○	○	○				○				

（備考）○は，使用できることを示す。

答　ニ

電技解釈第156条，156－1表により，湿気の多い場所では，展開した場所でも金属線ぴ工事はできない。

したがって，**ロ**である。

※解答26の表参照

答　ロ

店舗付き住宅に三相 200 V，定格消費電力 2.8 kW のルームエアコンを施設する屋内配線工事の方法として，**不適切なものは**。

イ. 屋内配線には，簡易接触防護措置を施す。
ロ. 電路には，漏電遮断器を施設する。
ハ. 電路には，他負荷の電路と共用の配線用遮断器を施設する。
ニ. ルームエアコンは，屋内配線と直接接続して施設する。

令和２年（下期）午後 21 出題
類問：平成 28 年（上期）23

問題29

電磁的不平衡を生じないように，電線を金属管に挿入する方法として，**適切なものは**。

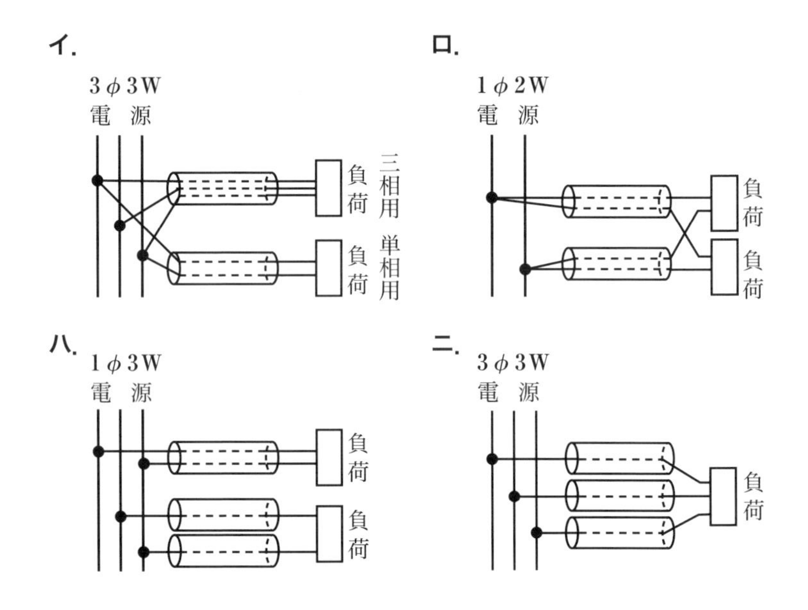

令和２年（下期）午後 23 出題
類問：2019 年（下期）23，平成 28 年（下期）21

電技解釈第143条第1項第一号へ に，「電気機械器具に電気を供給する電路には，専用の開閉器及び過電流遮断器を施設すること。」と規定がある。

したがって，不適切なものは**ハ**である。

答 ハ

内線規程3110－3（電線の並列使用）により，交流回路において電線を並列に使用する場合には，管内に電磁的不平衡を生じないように施設する。

すなわち，1回路の電線全部を同一管内に収めることであり，単相2線式であれば2線を，単相3線式及び三相3線式であれば3線を同一管内に収めることである。

したがって，**イ**である。

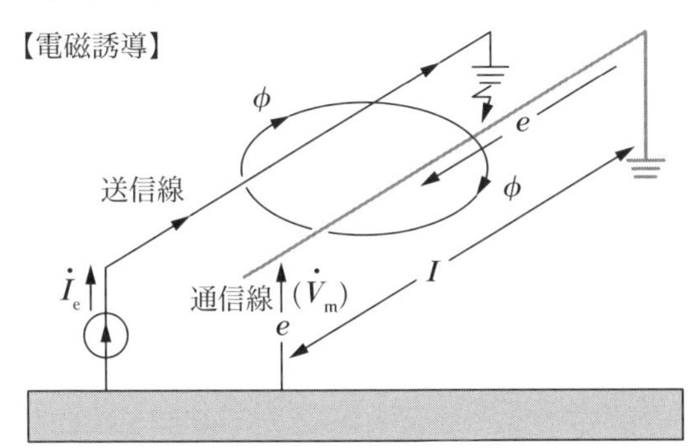

- 1本の電線に電流が流れると磁界が発生する
- 近くに通信線などがあると電磁誘導で通信線に電流が流れる
- 1回線の電線全部を同一管内に収めると各電流の位相がずれているためお互いに磁界を打ち消し合う

低圧屋内配線の工事方法として，**不適切なものは**。

イ． 金属可とう電線管工事で，より線（絶縁電線）を用いて，管内に接続部分を設けないで収めた。

ロ． ライティングダクト工事で，ダクトの開口部を下に向けて施設した。

ハ． 金属線ぴ工事で，長さ 3 m の 2 種金属製線ぴ内で電線を分岐し，D 種接地工事を省略した。

ニ． 金属ダクト工事で，電線を分岐する場合，接続部分に十分な絶縁被覆を施し，かつ，接続部分を容易に点検できるようにしてダクトに収めた。

令和 2 年（下期）午前 20 出題

問題31

住宅の屋内に三相 200 V のルームエアコンを施設した。工事方法として，**適切なものは**。

ただし，三相電源の対地電圧は 200 V で，ルームエアコン及び配線は簡易接触防護措置を施すものとする。

イ． 定格消費電力が 1.5 kW のルームエアコンに供給する電路に，専用の配線用遮断器を取り付け，合成樹脂管工事で配線し，コンセントを使用してルームエアコンと接続した。

ロ． 定格消費電力が 1.5 kW のルームエアコンに供給する電路に，専用の漏電遮断器を取り付け，合成樹脂管工事で配線し，ルームエアコンと直接接続した。

ハ． 定格消費電力が 2.5 kW のルームエアコンに供給する電路に，専用の配線用遮断器と漏電遮断器を取り付け，ケーブル工事で配線し，ルームエアコンと直接接続した。

ニ． 定格消費電力が 2.5 kW のルームエアコンに供給する電路に，専用の配線用遮断器を取り付け，金属管工事で配線し，コンセントを使用してルームエアコンと接続した。

令和 2 年（下期）午前 21 出題

解答30　電技解釈第161条により，2種金属製線ぴの工事では，電線を分岐できるが，電線を分岐した場合はD種接地工事を省略できない。

したがって，低圧屋内配線の工事方法として，不適切なものは**ハ**である。

〈金属ダクト施工（参考）〉

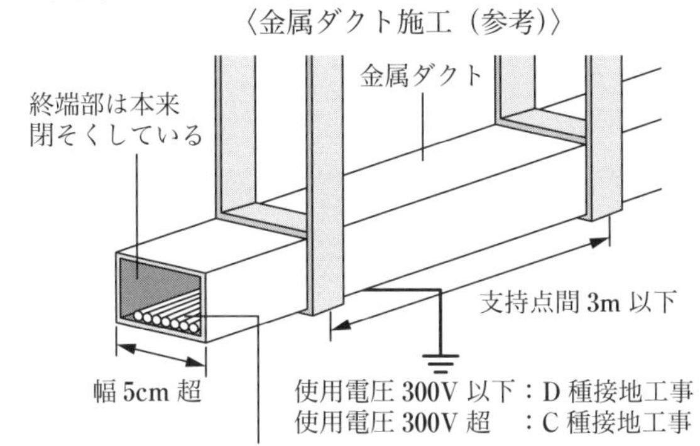

答　ハ

解答31　電技解釈第143条により，住宅屋内電路の対地電圧は，150 V以下でなければならない。しかし，定格消費電力が2 kW以上の機器に電気を供給し，配線と機器に簡易接触防護措置を施す場合，配線と機器を直接接続し，専用の配線用遮断器と過電流遮断器を取り付ければ，対地電圧を300 V以下とすることができる。

したがって，**ハ**である。

答　ハ

簡易接触防護措置を施した乾燥した場所に施設する低圧屋内配線工事で，D 種接地工事を**省略できないものは**。

イ．三相 3 線式 200 V の合成樹脂管工事に使用する金属製ボックス
ロ．三相 3 線式 200 V の金属管工事で電線を収める管の全長が 5m の金属管
ハ．単相 100 V の電動機の鉄台
ニ．単相 100 V の金属管工事で電線を収める管の全長が 5m の金属管

令和 2 年（下期）午前 22 出題
類問：平成 25 年（下期）19

木造住宅の単相 3 線式 100/200 V 屋内配線工事で，**不適切な工事方法は**。

ただし，使用する電線は 600 V ビニル絶縁電線，直径 1.6 mm（軟銅線）とする。

イ．合成樹脂製可とう電線管（CD 管）を木造の床下や壁の内部及び天井裏に配管した。
ロ．合成樹脂製可とう電線管（PF 管）内に通線し，支持点間の距離を 1.0 m で造営材に固定した。
ハ．同じ径の硬質ポリ塩化ビニル電線管（VE）2 本を TS カップリングで接続した。
ニ．金属管を点検できない隠ぺい場所で使用した。

令和 4 年（下期）午前 21 出題
同問：平成 27 年（下期）20

解答 32 電技解釈第159条により，D種接地工事を省略できないのは，**ロ**である。

ただし，電線管を収める金属管の全長が4 m以下であれば，省略できる。

なお，イは電技解釈第158条により，省略できる。

ハは電技解釈第29条により，省略できる。

ニは電技解釈第159条により，省略できる。

答 ロ

解答 33 **イ**の合成樹脂製可とう電線管（CD管）を木造の床下や壁の内部及び天井裏に配管するのは，不適切な工事方法である（CD菅はコンクリート埋設専用)。

なお，ロ．PF管には難燃性という特徴があるので，露出配管，埋設配管どちらにも使用できる。

ハ．TSカップリングは硬質ポリ塩化ビニル電線管（VE管）相互を接続する場合，両端にVE管を挿入して接続する。

ニ．金属管は場所を選ばず工事ができる。

は，いずれも適切な工事方法である。

したがって，**イ**になる。

答 イ

5章 電気工作物の検査方法のポイント

1. 検査の種類と目的

①竣工検査：新築・増設・改築時に行う検査
②定期検査：竣工後，定期的に行う検査
③臨時検査：異常が生じた時に行う検査

2. 計器の記号と置き方

記号	置き方
⊥	鉛直
⊓	水平
∠ 60°	傾斜（60度の例）

3. 回路の種類

記号	回路種類
⎓	直流
～	交流
≂	交直両用

4. 計器の階級

↑ 高精度

階級	許容誤差（定格値に対し）	用途
0.2級	±0.2%	副標準器
0.5級	±0.5%	精密測定
1.0級	±1.0%	普通測定
1.5級	±1.5%	工業用測定
2.5級	±2.5%	簡易測定

5. 各種計器の分類

名称	記号	動作原理	使用回路	使用計器
永久磁石可動コイル形		永久磁石の作る磁界中に回転可能なコイル（可動コイル）を置き，コイルに流れる電流に働く電磁力によって指針を動かす計器	直流	電圧計 電流計 抵抗計
可動鉄片形		固定コイル内に置かれた鉄片に働く力を利用した計器	交直両用	電圧計 電流計
電流力計形		固定コイルに流した電流と，可動コイルに流した電流との間に働く力を利用した計器	交直両用	電圧計 電流計 電力計
整流形		整流器を用いて交流を整流し，可動コイル形ミリアンメータでその平均値を指示する計器	交流	電圧計 電流計
熱電形		熱電対に生じる熱起電力を利用した計器	交直両用	電圧計 電流計 電力計
誘導形		交流によって生ずる磁界とそれと鎖交する金属円板内に生ずる誘導電流との間の力を利用する計器	交流	電圧計 電流計 電力計

使用電圧 100 V の低圧電路に，地絡が生じた場合 0.1 秒で自動的に電路を遮断する装置が施してある。この電路の屋外に D 種接地工事が必要な自動販売機がある。その接地抵抗値 a［Ω］と電路の絶縁抵抗値 b［MΩ］の組合せとして，「電気設備に関する技術基準を定める省令」及び「電気設備の技術基準の解釈」に**適合していないものは**。

イ．a　600　　b　2.0
ロ．a　500　　b　1.0
ハ．a　100　　b　0.2
ニ．a　10　　b　0.1

令和 5 年（上期）午前 26 出題

低圧電路で使用する測定器とその用途の組合せとして，**正しいものは**。

イ．電力計　と　消費電力量の測定
ロ．検電器　と　電路の充電の有無の確認
ハ．回転計　と　三相回路の相順（相回転）の確認
ニ．回路計（テスタ）　と　絶縁抵抗の測定

令和 3 年（下期）午後 24 出題
類問：平成 29 年（上期）24，平成 25 年（上期）24

解答 01

接地工事の種類と抵抗値，対象施設を下表に示す。

D 種接地工事で「**0.5** 秒以内に動作する漏電遮断器を施設した場合は **500** Ω以下」と記載されている。➡**イ**の a は適合していない。

接地工事の種類

種類	主な施設場所	接地抵抗値		接地線の太さ
A 種	高圧機器の金属製外箱	10 Ω以下		2.6 mm 以上
B 種	変圧器低圧側の 1 端子	[150/（1 線地絡電流)] Ω以下		
C 種	300 V 超の低圧機器の金属製外箱	10 Ω以下	**0.5 秒**以内に動作する漏電遮断器を施設した場合は **500 Ω**以下	1.6 mm 以上
D 種	300 V 以下の低圧機器の金属製外箱	100 Ω以下		

また，低圧電路の絶縁抵抗値を下表に示す。

電路の使用電圧の区分		絶縁抵抗値
300 V 以下	対地電圧 150 V 以下の場合	**0.1 MΩ**
	その他の場合	**0.2 MΩ**
300V を超えるもの		**0.4 MΩ**

使用電圧は **100 V** なので，絶縁抵抗値は **0.1 MΩ** 以上である。

➡ b の全てが適合している。

したがって，**イ**である。

答 イ

解答 02

イの電力計は，消費電力（電力量ではない）の測定に用いる。

ロの検電器は，電路の充電の有無を調べるのに用いる。

ハの回転計は，電動機等の回転速度を調べるのに用いる。三相回路の相順（相回転）を確認するのは，検相器である。

ニの回路計（テスタ）は，低圧電路の電圧や導通状態等を調べるのに用いる。絶縁抵抗の測定は，絶縁抵抗計である。

したがって，**ロ**である。

アナログ計器とディジタル計器の特徴に関する記述として，**誤っているものは**。

イ．アナログ計器は永久磁石可動コイル形計器のように，電磁力等で指針を動かし，振れ角でスケールから値を読み取る。

ロ．ディジタル計器は測定入力端子に加えられた交流電圧などのアナログ波形を入力変換回路で直流電圧に変換し，次に A-D 変換回路に送り，直流電圧の大きさに応じたディジタル量に変換し，測定値が表示される。

ハ．電圧測定では，アナログ計器は入力抵抗が高いので被測定回路に影響を与えにくいが，ディジタル計器は入力抵抗が低いので被測定回路に影響を与えやすい。

ニ．アナログ計器は変化の度合いを読み取りやすく，測定量を直感的に判断できる利点を持つが，読み取り誤差を生じやすい。

令和 3 年（下期）午後 27 出題

直動式指示電気計器の目盛板に図のような記号がある。記号の意味及び測定できる回路で，**正しいものは**。

イ．永久磁石可動コイル形で目盛板を鉛直に立てて，直流回路で使用する。

ロ．永久磁石可動コイル形で目盛板を鉛直に立てて，交流回路で使用する。

ハ．可動鉄片形で目盛板を鉛直に立てて，直流回路で使用する。

ニ．可動鉄片形で目盛板を水平に置いて，交流回路で使用する。

令和 4 年（上期）午前 27 出題

電圧測定では，アナログ計器は入力抵抗が低く，ディジタル計器は高い。

したがって，アナログ計器とディジタル計器の特徴で誤っているのは，**ハ**である。

指示電気計器は永久磁石可動コイル形。計器の置き方は鉛直で直流回路で使用する。

よって**イ**である。

直読式接地抵抗計（アーステスタ）を使用して直読で接地抵抗を測定する場合，補助接地極（2箇所）の配置として，**適切なものは**。

イ．被測定接地極を端とし，一直線上に2箇所の補助接地極を順次10 m程度離して配置する。
ロ．被測定接地極を中央にして，左右一直線上に補助接地極を5 m程度離して配置する。
ハ．被測定接地極を端とし，一直線上に2箇所の補助接地極を順次1 m程度離して配置する。
ニ．被測定接地極と2箇所の補助接地極を相互に5 m程度離して正三角形に配置する。

令和2年（下期）午後26出題
同問：平成28年（上期）26

接地抵抗計（電池式）に関する記述として，**正しいものは**。

イ．接地抵抗計はアナログ形のみである。
ロ．接地抵抗計の出力端子における電圧は，直流電圧である。
ハ．接地抵抗測定の前には，P補助極（電圧極），被測定接地極（E極），C補助極（電流極）の順に約10 m間隔で直線上に配置する。
ニ．接地抵抗測定の前には，接地極の地電圧が許容値以下であることを確認する。

令和3年（下期）午前26出題
類問：平成29年（上期）26，平成27年（上期）26

接地抵抗は下図のように測定する。

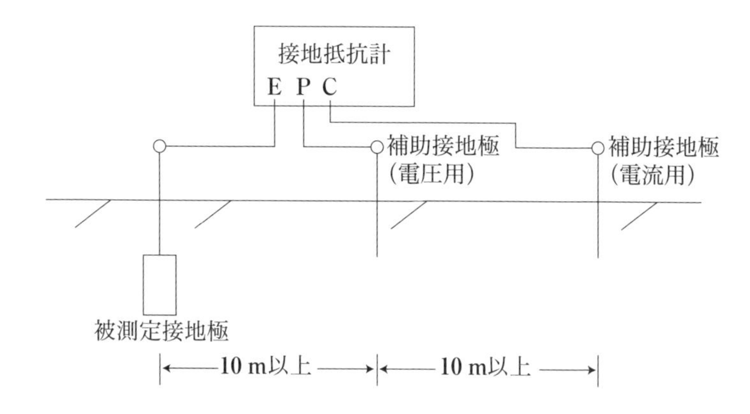

したがって，**イ**である。

解答06

接地極Eと電流極Cの間に大きさが一定の交流電流Iを流し，接地極Eと電圧極Pの間の電圧Vを測定すると，接地抵抗Rは，$R = \dfrac{V}{I}$として求めることができる。

よって，接地極の地電圧が許容値以下でないと正しい接地抵抗値を求めることができない。

したがって，**ニ**である。

なお，イについて，接地抵抗計は，デジタル式のものもある。

ロについて，接地抵抗計の電圧は，交流電圧である。

ハについて，接地抵抗測定は，上図のように行う。

※解答05の図参照

5

電気工作物の検査方法

アナログ式回路計（電池内蔵）の回路抵抗測定に関する記述として，**誤っているものは**。

イ．回路計の電池容量が正常であることを確認する。

ロ．抵抗測定レンジに切り換える。被測定物の概略値が想定される場合は，測定レンジの倍率を適正なものにする。

ハ．赤と黒の測定端子（テストリード）を開放し，指針が 0 Ωになるよう調整する。

ニ．被測定物に，赤と黒の測定端子（テストリード）を接続し，その時の指示値を読む。なお，測定レンジに倍率表示がある場合は，読んだ指示値に倍率を乗じて測定値とする。

令和 3 年（下期）午前 27 出題
同問：平成 30 年（下期）24　　類問：令和 3 年（上期）午後 25

問題 08

単相交流電源から負荷に至る回路において，電圧計，電流計，電力計の結線方法として，**正しいものは**。

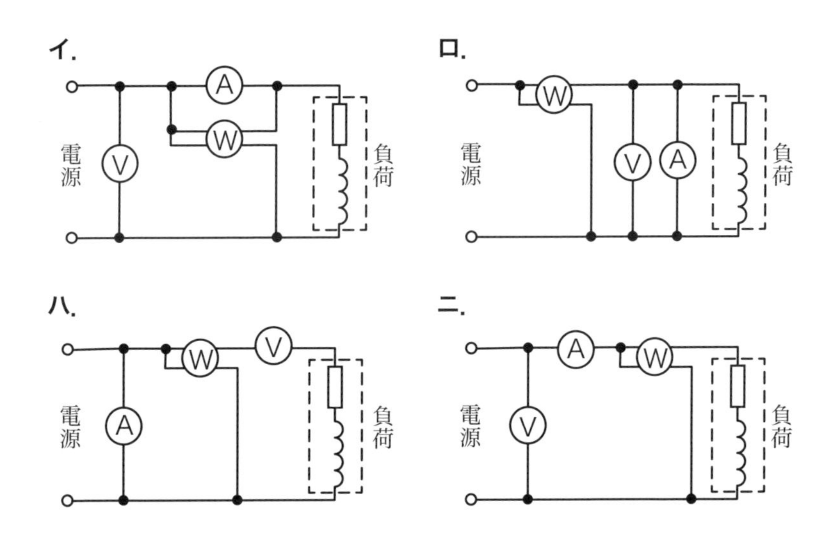

令和 3 年（上期）午前 27 出題
類問：令和 5 年（上期）午前 27，平成 27 年（下期）24，平成 24 年（下期）27

解答 07

アナログ式回路計で，回路抵抗を測定する場合は，赤と黒の測定端子を短絡して，指針が**0 Ω**になるように調整する。

したがって，誤っているものは**ハ**である。

答 ハ

解答 08

電圧計は負荷と並列に，電流計は負荷と直列に接続する。電力計は電圧コイルを負荷と並列に接続し，電流コイルを負荷と直列に接続する。

したがって，**ニ**である。

答 ニ

回路計（テスタ）に関する記述として，**正しいものは**。

イ. ディジタル式は電池を内蔵しているが，アナログ式は電池を必要としない。

ロ. 電路と大地間の抵抗測定を行った。その測定値は電路の絶縁抵抗値として使用してよい。

ハ. 交流又は直流電圧を測定する場合は，あらかじめ想定される値の直近上位のレンジを選定して使用する。

ニ. 抵抗を測定する場合の回路計の端子における出力電圧は，交流電圧である。

令和 5 年（上期）午前 24，平成 27 年（下期）26 出題
類問：令和 2 年（下期）午後 24

問題 10

分岐開閉器を開放して負荷を電源から完全に分離し，その負荷側の低圧屋内電路と大地間の絶縁抵抗を一括測定する方法として，**適切なものは**。

イ. 負荷側の点滅器をすべて「切」にして，常時配線に接続されている負荷は，使用状態にしたままで測定する。

ロ. 負荷側の点滅器をすべて「入」にして，常時配線に接続されている負荷は，使用状態にしたままで測定する。

ハ. 負荷側の点滅器をすべて「切」にして，常時配線に接続されている負荷は，すべて取り外して測定する。

ニ. 負荷側の点滅器をすべて「入」にして，常時配線に接続されている負荷は，すべて取り外して測定する。

令和 3 年（下期）午前 25 出題
同問：2019 年（下期）25，平成 28 年（上期）25，平成 24 年（下期）25

回路計の針がいきなり振り切れるの防ぐ（回路計の保護）ため，あらかじめ想定される直近上位のレンジを選定する。

したがって，**ハ**である。

なお，イは，アナログ式も電池が必要である。

ロは，回路計では，絶縁抵抗は測定できない。

ニの回路計の端子における出力電圧は，直流電圧である。

答　ハ

解答 10

電路と大地間の絶縁抵抗測定は，下図のようにすべての負荷を使用状態にして，スイッチを入れた状態で測定する。

したがって，**ロ**である。

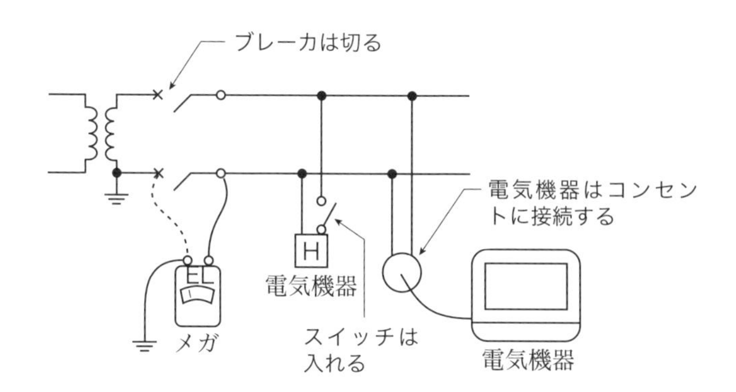

一般に使用される回路計（テスタ）によって**測定できないものは**。

イ．直流電圧
ロ．交流電圧
ハ．回路抵抗
ニ．漏れ電流

平成 30 年（上期）24 出題
類問：平成 26 年（上期）25

問題 12

直動式指示電気計器の目盛板に図のような記号がある。記号の意味及び測定できる回路で，**正しいものは**。

イ．永久磁石可動コイル形で目盛板を水平に置いて，直流回路で使用する。
ロ．永久磁石可動コイル形で目盛板を水平に置いて，交流回路で使用する。
ハ．可動鉄片形で目盛板を鉛直に立てて，直流回路で使用する。
ニ．可動鉄片形で目盛板を水平に置いて，交流回路で使用する。

令和 2 年（下期）午前 27 出題
類問：平成 28 年（上期）27

解答 11 回路計（テスタ）で測定できないものは，**ニ**の漏れ電流である。漏れ電流を測定できるものは，クランプメータである。

したがって，**ニ**である。

答 ニ

解答 12 問題の図記号は，JIS C 1102 により，左側は永久磁石可動コイル形，右側は計器の置き方が水平であることを表し，永久磁石可動コイル形は直流回路で使用する。

したがって，**イ**である。

なお，可動鉄片形の図記号は，[図記号] で交直両用回路で使用する。

鉛直の図記号は，⊥ である。

答 イ

問題 13　屋内配線の検査を行う場合，器具の使用方法で，**不適切なものは**。

イ． 検電器で充電の有無を確認する。
ロ． 接地抵抗計（アーステスタ）で接地抵抗を測定する。
ハ． 回路計（テスタ）で電力量を測定する。
ニ． 絶縁抵抗計（メガー）で絶縁抵抗を測定する。

2019 年（下期）24 出題

問題 14　図のような単相 3 線式回路で，開閉器を閉じて機器 A の両端の電圧を測定したところ 120 V を示した。この原因として，**考えられるものは**。

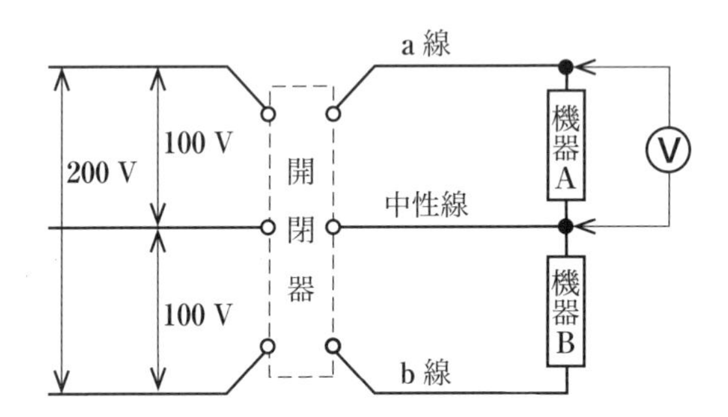

イ． a 線が断線している。
ロ． 中性線が断線している。
ハ． b 線が断線している。
ニ． 機器 A の内部で断線している。

平成 30 年（下期）27 出題
類問：令和 5 年（上期）午後 25，2019 年（上期）24，平成 26 年（上期）24

解答 13

回路計（テスタ）では，電力量は測定できない。
電力量を測定するのは，電力量計である。
また，回路計は，回路の電圧や導通状態を調べるのに用いる。
したがって，**ハ**である。

答 ハ

解答 14

単相3線式回路で中性線が断線すると，抵抗値の大きい方の負荷は端子電圧が定格電圧より高くなり，抵抗値の小さい方は定格電圧より低くなる。

したがって，**ロ**である。

なお，イのa線が断線している場合は，0Vを示す。
ハのb線が断線している場合とニの機器Aの内部で断線している場合は，100Vを示す。

問題 15

絶縁抵抗計（電池内蔵）に関する記述として，**誤っているものは**。

イ. 絶縁抵抗計には，ディジタル形と指針形（アナログ形）がある。
ロ. 絶縁抵抗測定の前には，絶縁抵抗計の電池容量が正常であることを確認する。
ハ. 絶縁抵抗計の定格測定電圧（出力電圧）は，交流電圧である。
ニ. 電子機器が接続された回路の絶縁測定を行う場合は，機器等を損傷させない適正な定格測定電圧を選定する。

令和3年（下期）午後25出題
同問：平成26年（上期）27

問題 16

単相3線式回路の漏れ電流の有無を，クランプ形漏れ電流計を用いて測定する場合の測定方法として，**正しいものは**。

ただし，▨▨▨は中性線を示す。

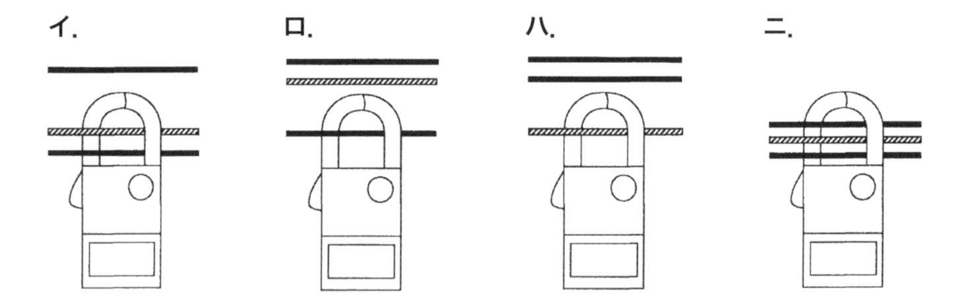

2019年（上期）27出題
同問：平成24年（上期）25
類問：平成29年（下期）27，平成27年（上期）25

解答 15　絶縁抵抗計の出力電圧は，直流電圧である。
したがって，**ハ**である。

答　ハ

解答 16　クランプ形漏れ電流計を用いて漏れ電流を測定する場合，単相3線式回路は3線一括，単相2線式回路は2線一括，3相3線式回路は3線一括で測定する。

したがって，**ニ**である。

電気計器の目盛板に図のような記号があった。記号の意味として**正しいものは**。

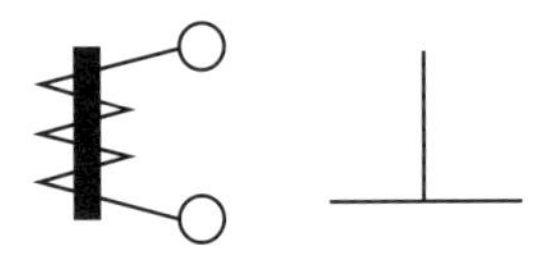

イ．可動コイル形で目盛板を水平に置いて使用する。
ロ．可動コイル形で目盛板を鉛直に立てて使用する。
ハ．誘導形で目盛板を水平に置いて使用する。
ニ．可動鉄片形で目盛板を鉛直に立てて使用する。

平成30年（上期）27出題

低圧屋内電路に接続されている単相負荷の力率を求める場合，必要な測定器の組合せとして，**正しいものは**。

イ．	周波数計	電圧計	電力計
ロ．	周波数計	電圧計	電流計
ハ．	電圧計	電流計	電力計
ニ．	周波数計	電流計	電力計

平成28年（下期）27出題
類問：平成25年（下期）27

一般用電気工作物の低圧屋内配線工事が完了したときの検査で，一般に**行われていないものは**。

イ．絶縁耐力試験　　ロ．絶縁抵抗の測定
ハ．接地抵抗の測定　　ニ．目視点検

平成28年（上期）24出題
同問：平成25年（下期）24　　類問：平成27年（下期）27

解答 17

問題の図記号はJIS C 1102により，左側は可動鉄片形，右側は鉛直を表す。また，可動鉄片形は，主に交直両用回路で使用する。

したがって，図記号の意味として正しいものは，**ニ**である。

なお，可動コイル形の図記号は，[図記号]で，直流回路で使用する。

誘導形の図記号は，[図記号]で，交流回路で使用する。

水平の図記号は，[図記号]である。

答 ニ

解答 18

単相負荷の力率を求める式は，電力を W［W］，電圧 V［V］，電流 I［A］とすれば，

$W = VI\cos\theta$ より，

力率 $\cos\theta = \dfrac{W}{VI} \times 100\%$

よって，電圧，電流，電力がわかれば力率が計算できる。

したがって，低圧屋内電路に接続されている単相負荷の力率を求める場合，必要な測定器の組合せとして，正しいものは**ハ**である。

答 ハ

解答 19

低圧屋内配線工事の竣工試験で一般に行われているものは，目視点検，導通試験，通電試験，絶縁抵抗測定，接地抵抗測定である。絶縁耐力試験は行わない。

したがって，**イ**である。

答 イ

低圧回路を試験する場合の試験項目と測定器に関する記述として，**誤っているものは**。

イ. 導通試験に回路計（テスタ）を使用する。
ロ. 絶縁抵抗測定に絶縁抵抗計を使用する。
ハ. 電動機の回転速度の測定に検相器を使用する。
ニ. 負荷電流の測定にクランプ形電流計を使用する。

平成 27 年（上期）27 出題

問題21

低圧検電器に関する記述として，**誤っているものは**。

イ. 低圧交流電路の充電の有無を確認する場合，いずれかの一相が充電されていないことを確認できた場合は，他の相についての充電の有無を確認する必要がない。
ロ. 電池を内蔵する検電器を使用する場合は，チェック機構（テストボタン）によって機能が正常に働くことを確認する。
ハ. 低圧交流電路の充電の有無を確認する場合，検電器本体からの音響や発光により充電の確認ができる。
ニ. 検電の方法は，感電しないように注意して，検電器の握り部を持ち検知部（先端部）を被検電部に接触させて充電の有無を確認する。

平成 26 年（下期）24 出題

試験項目と測定器に関する記述として，誤っているものは**ハ**である。

電動機の回転速度の測定に用いるものは回転計で，検相器は三相回路の相回転を調べるものである。

検電器で充電の有無を確認する場合，断線や接触不良等があることもあるので，全相確認する必要がある。

したがって，**イ**である。

三相誘導電動機の回転方向を確認するため，三相交流の相順（相回転）を**調べるものは**。

イ. 回転計
ロ. 検相器
ハ. 検流計
ニ. 回路計

平成 26 年（下期）26 出題

変流器（CT）の用途として，**正しいものは**。

イ. 交流を直流に変換する。
ロ. 交流の周波数を変える。
ハ. 交流電圧計の測定範囲を拡大する。
ニ. 交流電流計の測定範囲を拡大する。

平成 25 年（下期）25 出題

導通試験の目的として，**誤っているものは**。

イ. 電路の充電の有無を確認する。
ロ. 器具への結線の未接続を発見する。
ハ. 電線の断線を発見する。
ニ. 回路の接続の正誤を判別する。

令和 2 年（下期）午後 27 出題
同問：平成 28 年（下期）24

解答22

三相交流の相順（相回転）を調べるものは，検相器である。

したがって，**ロ**である。

なお，イの回転計は，モーターなどの回転速度を測定するのに用いる。

ハの検流計は，微弱な電流の検出等に用いる。

ニの回路計は，主に回路の電圧や導通状態を調べるのに用いる。

解答23

変流器（CT）は，交流電流計の測定範囲を拡大するものである。

したがって，**ニ**である。

なお，イはコンバータ，

ロはインバータや周波数変換器，

ハは計器用変圧器（VT）である。

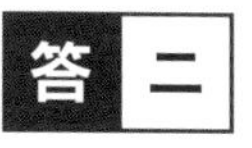

導通試験の目的は，ロ，ハ，ニのことをチェックすることで，電路の充電の有無を確認することではない。

したがって，誤っているものは**イ**である。

計器の目盛板に図のような表示記号があった。この計器の動作原理を示す種類と測定できる回路で，**正しいものは**。

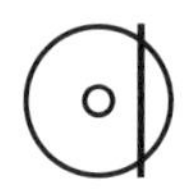

イ．誘導形で交流回路に用いる。
ロ．電流力計形で交流回路に用いる。
ハ．整流形で直流回路に用いる。
ニ．熱電形で直流回路に用いる。

平成 24 年（下期）26 出題

測定器の用途に関する記述として，**誤っているものは**。

イ．クランプ形電流計で負荷電流を測定する。
ロ．回路計で導通試験を行う。
ハ．回転計で電動機の回転速度を測定する。
ニ．検電器で三相交流の相順（相回転）を調べる。

平成 24 年（上期）26 出題

問題の表示記号は，JIS C 1102 により，誘導形で交流回路に用いる。

なお，ロの電流力計形の表示記号は で，交流及び直流回路に用いる。

ハの整流形の表示記号は で，交流回路に用いる。

ニの熱電形の表示記号は で，交流及び直流回路に用いる。

したがって，**イ**である。

検電器は電気回路の充電の有無を調べるもので，三相交流の相順を調べるものではない。

なお，三相交流の相順を調べるのは，検相器（相回転計）である。

よって，**ニ**である。

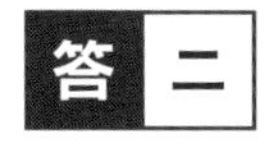

6章　法令のポイント

1. 電気工事に関する4つの法律（電気保安4法）

名称	概要
電気事業法	電気を供給する事業や，電気工作物の工事や保安等を規定
電気工事士法	電気工事の作業に従事する者の資格及び義務を定めている
電気工事業法	電気工事業を営む者の登録及びその業務規制
電気用品安全法	電気用品の製造，販売等を規制

2. 電気工作物（発電－変電－送電－配電または電気の使用のために設置する工作物）

- 電気工作物
  - 事業用電気工作物
    - ・一般用電気工作物等以外の電気工作物
    - ・設置するには，保安規程の届出や主任技術者の選任など安全確保の措置を取る。
    - ・（例）電力会社や工場などの発電所，変電所，送電線，配電線
    - 自家用電気工作物
      - ・電気事業*の用に給する事業用電気工作物以外の電気工作物
      - ・（例）自家用発電設備，工場・ビルなどの600 Vを超えて受電する需要設備
      - ＊一般送配電事業，送電事業，配電事業，特定送配電事業，一部の発電事業
    - 小規模事業用電気工作物
      - ・一部の小規模な発電設備については，保安規程の届出や主任技術者の選任に代えて，基礎情報の届出と使用前自己確認が必要。
      - ・（例）10 kW以上50 kW未満の太陽光発電設備，20 kW未満の風力発電設備
  - 一般用電気工作物等
    - ・比較的電圧が小さく安全性の高い電気工作物
    - ・設置するためには，保安規程の届出や主任技術者の選任などが不要であるため，一般家庭などに容易に設置できる。
    - ・（例）一般家庭，商店，コンビニ，小規模事業所等の屋内配線，一般家庭太陽光発電

3. 電気工事士法の電気工作物と必要資格

<table>
<tr><td colspan="3">自家用電気工作物で最大電力500 kW未満の需要設備等</td><td rowspan="2">一般用
電気工作物等</td></tr>
<tr><td>ネオン設備</td><td>非常用予備発電設備</td><td>600 V以下で使用する設備（電線路除く）</td></tr>
<tr><td></td><td></td><td colspan="2">第一種電気工事士</td></tr>
<tr><td></td><td></td><td></td><td>第二種電気工事士</td></tr>
<tr><td>特種電気工事資格者（ネオン工事）</td><td>特種電気工事資格者（非常用予備発電装置工事）</td><td>認定電気工事従事者</td><td></td></tr>
</table>

＊表の見方：第二種電気工事士は，一般用電気工作物等の作業ができる

4. 電気工事士の義務

- 電気事業法に基づく技術基準に適合するように作業しなければならない。
- 電気工事の作業に従事するときは，電気工事士免状又は認定証を携帯しなければならない。

5. 電気工事業法

電気工事業者の登録
・2つ以上の都道府県に営業所を営む場合は経済産業大臣に登録 ・1つの都道府県に営業所を営む場合は都道府県知事に登録 ・登録の有効期限は5年 ・登録満了後，引き続き電気工事業を営む場合は更新登録が必要

登録電気工事業者の義務	
主任電気工事士の設置	登録事業者は，営業所ごとに**主任電気工事士**を置く
備え付け測定器具	一般用電気工事のみの業務を行う営業所には，**回路計（抵抗，交流電圧測定可能なもの）**・絶縁抵抗計・接地抵抗計を常備
標識の掲示	登録電気工事業者は，次の事項を掲示 ・代表者名　・電気工事の種類　・登録の年月日，登録番号 ・主任電気工事士等の氏名
帳簿の備え付け**5年間保存**	営業所ごとに帳簿を備え，電気工事ごとに次の事項を記載 ・注文者の氏名（名称），住所　・電気工事の種類，施工場所　・施工年月日 ・主任電気工事士及び作業者の氏名　・配線図　・検査結果

6. 電気用品安全法

分類	記号	概要	主な機器
特定電気用品	PS E（ひし形） または < PS > E	・構造，性能，用途等から安全上の危険が発生する恐れの高いもの ・現在，116品目が指定されている ・登録検査機関による適合性検査を受検する必要がある ・適合証明書には電気用品名毎に有効期限が設定されている	・電気温水器 ・電熱式吸入器 ・電動式おもちゃ ・電気ポンプ ・電気マッサージ器 ・自動販売機 ・直流電源装置 など全116品目
特定電気用品以外の電気用品	PS E（丸形） または (PS) E	・特定電気用品ほど危険の発生する恐れが高くはないもの ・現在，341品目が指定されている ・届出事業者の自主検査で製品を輸入・製造し，販売することができる	・電気こたつ　・電気がま ・電気冷蔵庫　・電気歯ブラシ ・電気かみそり　・白熱電灯器具 ・電気スタンド　・音響機器 ・テレビジョン受信機 ・リチウムイオン蓄電池 など全341品目

「電気工事士法」において，一般用電気工作物に係る工事の作業で a，b ともに電気工事士でなければ**従事できないものは**。

イ．a：配電盤を造営材に取り付ける。
　　b：電線管に電線を収める。
ロ．a：地中電線用の管を設置する。
　　b：定格電圧 100 V の電力量計を取り付ける。
ハ．a：電線を支持する柱を設置する。
　　b：電線管を曲げる。
ニ．a：接地極を地面に埋設する。
　　b：定格電圧 125 V の差込み接続器にコードを接続する。

令和 4 年（上期）午前 28 出題
類問：令和 3 年（上期）午前 28，2019 年（下期）28，平成 29 年（下期）28，
平成 28 年（上期）29

電気用品安全法における電気用品に関する記述として，**誤っているものは**。

イ．電気用品の製造又は輸入の事業を行う者は，電気用品安全法に規定する義務を履行したときに，経済産業省令で定める方式による表示を付すことができる。
ロ．特定電気用品は，構造又は使用方法その他の使用状況からみて特に危険又は障害の発生するおそれが多い電気用品であって，政令で定めるものである。
ハ．特定電気用品には (PS E) または（PS）E の表示が付されている。
ニ．電気工事士は，電気用品安全法に規定する表示の付されていない電気用品を電気工作物の設置又は変更の工事に使用してはならない。

2019 年（下期）29 出題
類問：令和 5 年（上期）午後 29, 令和 5 年（上期）午前 29, 令和 4 年（上期）午前 29, 令和 3 年（下期）午後 29，2019 年（上期）29

解答 01

電気工事士法に基づく電気工事士法施行規則には，電気工事士でないとできない作業が規定されているが，電気工事士を補助する場合は電気工事士の資格は不要である。

イ．a の配電盤を造営材に取り付ける作業は，電気工事士を補助する作業ではない。

したがって，**イ**である。

答 イ

解答 02

「特定電気用品」は構造，性能，用途等から安全上の危険が発生する恐れの高い電気用品であり，PS E または＜ PS ＞ E の表示が付されている。

「特定電気用品以外の電気用品」には PS E または（PS）E の表示が付されている。

よって，**ハ**が誤っている。

答 ハ

低圧屋内配線の電路と大地間の絶縁抵抗を測定した。「電気設備に関する技術基準を定める省令」に**適合していないものは**。

イ. 単相3線式100/200Vの使用電圧200V空調回路の絶縁抵抗を測定したところ0.16MΩであった。

ロ. 三相3線式の使用電圧200V（対地電圧200V）電動機回路の絶縁抵抗を測定したところ0.18MΩであった。

ハ. 単相2線式の使用電圧100V屋外庭園灯回路の絶縁抵抗を測定したところ0.12MΩであった。

ニ. 単相2線式の使用電圧100V屋内配線の絶縁抵抗を，分電盤で各回路を一括して測定したところ，1.5MΩであったので個別分岐回路の測定を省略した。

令和5年（上期）午前25出題

「電気設備に関する技術基準を定める省令」において，次の空欄(A)及び(B)の組合せとして，**正しいものは**。

電圧の種別が低圧となるのは，電圧が直流にあっては［(A)］，交流にあっては［(B)］のものである。

イ. (A) 600V以下　(B) 650V以下

ロ. (A) 650V以下　(B) 750V以下

ハ. (A) 750V以下　(B) 600V以下

ニ. (A) 750V以下　(B) 650V以下

令和3年（下期）午後30出題
類問：令和3年（上期）午後30，2019年（下期）30，平成30年（下期）30，平成29年（下期）30，平成26年（上期）30

解答 03 電技第 58 条により，低圧電路の絶縁抵抗値を下表に示す。

電路の使用電圧の区分		絶縁抵抗値
300 V 以下	対地電圧 150 V 以下の場合	**0.1 MΩ**
	その他の場合	**0.2 MΩ**
300V を超えるもの		**0.4 MΩ**

イは，0.16 MΩ ＞ 0.1 MΩ ➡適合

※単相 3 線式 100 / 200 V の 200 V 回路の対地電圧は 100 V

ロは，0.18 MΩ ＜ 0.2 MΩ ➡適合していない

ハは，0.12 MΩ ＞ 0.1 MΩ ➡適合

ニは，1.5 MΩ ＞ 0.1 MΩ ➡適合

参考

低圧 300 V 以下（三相 200 V）➡絶縁抵抗は 0.2 MΩ 以上

200 V ÷ 0.001 A ＝ 0.2 MΩ ➡漏洩電流 1 mA 以下

したがって，**ロ**である。

電技第 2 条により，電圧の種別が低圧となるのは，電圧が直流にあっては 750 V 以下，交流にあっては 600 V 以下のものである。

したがって，**ハ**である。

なお，高圧となるのは，直流にあっては 750 V を，交流にあっては 600 V を超え，7 000 V 以下のものである。

〈電圧の種別〉

区分	交流	直流
低圧	600 V 以下	750 V 以下
高圧	600 V を超え 7 000 V 以下	750 V を超え 7 000 V 以下
特別高圧	7 000 V を超えるもの	7 000 V を超えるもの

答 ハ

電気工事士の義務又は制限に関する記述として，**誤っているものは**。

イ．電気工事士は，都道府県知事から電気工事の業務に関して報告するよう求められた場合には，報告しなければならない。

ロ．電気工事士は，「電気工事士法」で定められた電気工事の作業に従事するときは，電気工事士免状を事務所に保管していなければならない。

ハ．電気工事士は，「電気工事士法」で定められた電気工事の作業に従事するときは，「電気設備に関する技術基準を定める省令」に適合するよう作業を行わなければならない。

ニ．電気工事士は，氏名を変更したときは，免状を交付した都道府県知事に申請して免状の書換えをしてもらわなければならない。

令和 3 年（下期）午前 28 出題
類問：2019 年（上期）28，平成 30 年（下期）28，平成 28 年（上期）28，
平成 26 年（下期）28

「電気用品安全法」の適用を受ける次の配線器具のうち，特定電気用品の組合せとして，**正しいものは**。

ただし，定格電圧，定格電流，極数等から全てが「電気用品安全法」に定める電気用品であるとする。

イ．タンブラースイッチ，カバー付ナイフスイッチ

ロ．電磁開閉器，フロートスイッチ

ハ．タイムスイッチ，配線用遮断器

ニ．ライティングダクト，差込み接続器

令和 3 年（下期）午前 29 出題
同問：平成 27 年（下期）29

解答 05　電気工事士法第5条（電気工事士等の義務）により，電気工事の作業に従事するときは，電気工事士免状を携帯しなければならない。

したがって，**ロ**である。

答　ロ

解答 06　電気用品安全法により，特定電気用品の組合せとして正しいものは，タイムスイッチと配線用遮断器の**ハ**である。

なお，イのカバー付ナイフスイッチ，ロの電磁開閉器，ニのライティングダクトは「特定電気用品以外の電気用品」である。

答　ハ

「電気工事士法」において，第二種電気工事士であっても**従事できない作業は**。

イ. 一般用電気工作物の配線器具に電線を接続する作業

ロ. 一般用電気工作物に接地線を取り付ける作業

ハ. 自家用電気工作物（最大電力 500 kW 未満の需要設備）の地中電線用の管を設置する作業

ニ. 自家用電気工作物（最大電力 500 kW 未満の需要設備）の低圧部分の電線相互を接続する作業

令和５年（上期）午前 28 出題

参考

＊軽微な工事

① 差し込み接続器，ねじ込み接続器，ソケット，ローゼット，その他の接続器又はナイフスイッチ，カットアウトスイッチ，スナップスイッチその他の開閉器にコード又はキャブタイヤケーブルを接続する工事

② 電気機器（配線器具を除く。以下同じ）の端子に電線（コード，キャブタイヤケーブル及びケーブルを含む。以下同じ）をネジ止めする工事 等

「電気用品安全法」について述べた記述で，**正しいものは**。

イ. 電気工事士は，適法な表示が付されているものでなければ，電気用品を電気工作物の設置等の工事に使用してはならない（経済産業大臣の承認を受けた特定の用途に使用される電気用品を除く）。

ロ. 特定電気用品には，(PS E) または（PS）E の表示が付されている。

ハ. 定格使用電圧 100 V の漏電遮断器は特定電気用品以外の電気用品である。

ニ. 電気工作物の部分となり，又はこれに接続して用いられる機械，器具又は材料はすべて電気用品である。

令和３年（上期）午後 29 出題

解答 07　電気工作物と必要資格を下表に示す。

<table>
<tr><td colspan="3">自家用電気工作物で最大電力 500 kW 未満の需要設備等</td><td rowspan="2">一般用
電気工作物等</td></tr>
<tr><td>ネオン設備</td><td>非常用予備発電設備</td><td>600 V 以下で使用する設備（電線路除く）</td></tr>
<tr><td></td><td></td><td colspan="2">第一種電気工事士</td></tr>
<tr><td></td><td></td><td></td><td>第二種電気工事士</td></tr>
<tr><td>特種電気工事資格者
（ネオン工事）</td><td>特種電気工事資格者
（非常用予備発電装置工事）</td><td>認定電気工事従事者</td><td></td></tr>
</table>

＊表の見方：第二種電気工事士は，一般用電気工作物等の作業ができる

イは，一般用電気工作物 ➡ 第二種電気工事士は従事できる。

ロは，一般用電気工作物 ➡ 第二種電気工事士は従事できる。

ハは，電気工事士等の資格が不要な「軽微な工事*」➡ 第二種電気工事士は従事できる。

ニは，第一種電気工事士もしくは認定電気工事従事者のみが従事できる。

したがって，**ニ**である。

答　ニ

解答 08　電気用品安全法第 10 条及び電気工事業の業務の適正化に関する法律第 23 条により，**イ**が正しい。

なお，ロの特定電気用品の記号は，◇PS E◇ または〈PS〉E である。

ハの定格使用電圧 100 V の漏電遮断器は，特定電気用品である。

ニの電気工作物の部分となり，又はこれに接続して用いられる機械，器具又は材料のすべてが，電気用品であるわけではない。

答　イ

「電気用品安全法」の適用を受ける次の電気用品のうち，特定電気用品は。

イ．定格電流 20 A の配線用遮断器
ロ．消費電力 30 W の換気扇
ハ．外径 19 mm の金属製電線管
ニ．消費電力 1 kW の電気ストーブ

令和 3 年（上期）午前 29 出題
類問：平成 28 年（上期）30

問題 10

「電気設備に関する技術基準を定める省令」における電路の保護対策について記述したものである。次の空欄（A）及び（B）の組合せとして，**正しいものは**。

電路の［（A）］には，過電流による過熱焼損から電線及び電気機械器具を保護し，かつ，火災の発生を防止できるよう，過電流遮断器を施設しなければならない。

また，電路には，［（B）］が生じた場合に，電線若しくは電気機械器具の損傷，感電又は火災のおそれがないよう，［（B）］遮断器の施設その他の適切な措置を講じなければならない。ただし，電気機械器具を乾燥した場所に施設する等［（B）］による危険のおそれがない場合は，この限りでない。

イ．（A）必要な箇所　（B）地絡
ロ．（A）すべての分岐回路　（B）過電流
ハ．（A）必要な箇所　（B）過電流
ニ．（A）すべての分岐回路　（B）地絡

令和 5 年（上期）午前 30 出題

解答 09

特定電気用品は，電気用品安全法施行令第 1 条の 2 より，別表第一の上欄に規定されている。

定格電圧 100 V 以上 300 V 以下で，定格電流が 100 A 以下の配線用遮断器は，電気用品安全法による特定電気用品の適用を受ける。

したがって，**イ**である。

ロ，ハ，ニはいずれも特定電気用品以外の電気用品の適用を受ける。

答 イ

解答 10

「電気設備に関する技術基準を定める省令」の下記による。

【過電流からの電線及び電気機械器具の保護対策】

第 14 条 電路の**必要な箇所**には，過電流による過熱焼損から電線及び電気機械器具を保護し，かつ，火災の発生を防止できるよう，過電流遮断器を施設しなければならない。

【地絡に対する保護対策】

第 15 条 電路には，**地絡**が生じた場合に，電線若しくは電気機械器具の損傷，感電又は火災のおそれがないよう，**地絡**遮断器の施設その他の適切な措置を講じなければならない。ただし，電気機械器具を乾燥した場所に施設する等**地絡**による危険のおそれがない場合は，この限りでない。

したがって，**イ**である。

答 イ

電気の保安に関する法令についての記述として，**誤っているものは**。

イ. 「電気工事士法」は，電気工事の作業に従事する者の資格及び義務を定めた法律である。

ロ. 一般用電気工作物の定義は，「電気設備に関する技術基準を定める省令」において定めている。

ハ. 「電気用品安全法」は，電気用品の製造，販売等を規制することなどにより，電気用品による危険及び障害の発生を防止することを目的とした法律である。

ニ. 「電気用品安全法」では，電気工事士は，同法に基づく表示のない電気用品を電気工事に使用してはならないと定めている。

令和 2 年（下期）午後 28 出題
類問：平成 27 年（上期）28

「電気用品安全法」において，特定電気用品の適用を受けるものは。

イ. 外径 25 mm の金属製電線管

ロ. 定格電流 60 A の配線用遮断器

ハ. ケーブル配線用スイッチボックス

ニ. 公称断面積 150 mm^2 の合成樹脂絶縁電線

令和 2 年（下期）午後 29 出題
同問：平成 25 年（上期）29
類問：平成 30 年（下期）29

解答 11

一般用電気工作物の定義は，電気事業法で定められている。

したがって，誤っているものは**ロ**である。

なお，電気工作物は，事業用電気工作物と一般用電気工作物に大別され，事業用電気工作物は，さらに自家用電気工作物と小規模事業用電気工作物に分類される。

※ 160 ページの「2. 電気工作物」参照

答 ロ

解答 12

電気用品安全法により，電線管（内径 120 mm 以下，可とう電線管含む），ケーブル配線用スイッチボックス，公称断面積 100 mm^2 を超える電線，配線器具は，特定電気用品以外の電気用品である。

したがって，特定電気用品の適用を受けるものは，配線用遮断器の**ロ**である。

答 ロ

問題 13　「電気工事士法」の主な目的は。

イ． 電気工事に従事する主任電気工事士の資格を定める。
ロ． 電気工作物の保安調査の義務を明らかにする。
ハ． 電気工事士の身分を明らかにする。
ニ． 電気工事の欠陥による災害発生の防止に寄与する。

令和２年（下期）午前 28 出題

問題 14　低圧の屋内電路に使用する次のもののうち，特定電気用品の組合せとして，**正しいものは**。

A: 定格電圧 100 V，定格電流 20 A の漏電遮断器
B: 定格電圧 100 V，定格消費電力 25 W の換気扇
C: 定格電圧 600 V，導体の太さ（直径）2.0 mm の 3 心ビニル絶縁ビニルシースケーブル
D: 内径 16 mm の合成樹脂製可とう電線管（PF 管）

イ． A 及び B　**ロ．** A 及び C　**ハ．** B 及び D　**ニ．** C 及び D

令和２年（下期）午前 29 出題
同問：平成 27 年（上期）30　類問：平成 29 年（上期）30

問題 15　電気用品安全法により，電気工事に使用する特定電気用品に付すことが**要求されていない**表示事項は。

イ． PSE 又は＜PS＞E の記号　**ロ．** 届出事業者名
ハ． 登録検査機関名　**ニ．** 製造年月

平成 26 年（上期）29 出題

解答 13

電気工事士法第1条に，「電気工事の作業に従事する者の資格及び義務を定め，もって電気工事の欠陥による災害の発生の防止に寄与することを目的とする。」と規定されている。

したがって，**ニ**である。

答 ニ

解答 14

電気用品安全法により，換気扇（定格消費電力300 W以下）と電線管（内径120 mm以下，可とう電線管含む）は，特定電気用品以外の電気用品であり，BとDがこれに該当する。

AとCは特定電気用品である。したがって，**ロ**である。

答 ロ

解答 15

電気用品安全法により，電気工事に使用する特定電気用品に付すことが要求されていない表示項目は，製造年月である。

したがって，**ニ**である。

答 ニ

電気工事士法において，第二種電気工事士免状の交付を受けている者であっても**従事できない**電気工事の作業は。

イ．自家用電気工作物（最大電力 500 kW 未満の需要設備）の低圧部分の電線相互を接続する作業

ロ．自家用電気工作物（最大電力 500 kW 未満の需要設備）の地中電線用の管を設置する作業

ハ．一般用電気工作物の接地工事の作業

ニ．一般用電気工作物のネオン工事の作業

平成 30 年（上期）28 出題

電気工事士法に**違反しているものは**。

イ．電気工事士試験に合格したが，電気工事の作業に従事しないので都道府県知事に免状の交付申請をしなかった。

ロ．電気工事士が電気工事士免状を紛失しないよう，これを営業所に保管したまま電気工事の作業に従事した。

ハ．電気工事士が住所を変更したが，30 日以内に都道府県知事にこれを届け出なかった。

ニ．電気工事士が経済産業大臣に届け出をしないで，複数の都道府県で電気工事の作業に従事した。

平成 29 年（上期）28 出題

解答 16

電気工事士法により，500 kW 未満の自家用電気工作物の低圧部分の工事は，第一種電気工事士または認定電気工事従事者でないと工事はできない。

※問題 07 参照

したがって，**イ**である。

答 イ

解答 17

電気工事士法第 5 条第 2 項により，電気工事の作業を行う場合は，電気工事士免状を常に携帯しなければならない。

したがって，**ロ**である。

なお，イの免状の交付申請の有無は，電気工事士法に違反していない。

ハの住所の変更は，申請の必要はない。ただし，氏名の変更は申請が必要である。

ニの複数の都道府県での電気工事は，経済産業大臣に届け出の必要はない。しかし，2 つ以上の都道府県に営業所を設置する場合は経済産業大臣に届け出を必要とする。

答 ロ

7章 配線図のポイント

「構内電気設備の配線用図記号」 JIS C 0303 から配線図の図記号が出題される。

1. 主な配管記号と種類，用途

記号	名称	主な用途	備考
CD	合成樹脂製可とう電線管	コンクリート埋設配管	—
PFS	合成樹脂製可とう電線管（単層管）	コンクリート埋設配管 間仕切配管 露出配管	自己消火性
PFD	合成樹脂製可とう電線管（複層管）	露出配管	自己消火性
VE	硬質塩化ビニル電線管	露出配管	—
HIVE	耐衝撃性硬質塩化ビニル管	露出配管	—
VP	硬質塩化ビニル管	地中埋設配管	—
HIVP	耐衝撃性硬質塩化ビニル管	地中埋設配管	—
E	ねじなし電線管	屋内の露出配管	—
C	薄鋼電線管	屋内の露出配管	—
G	厚鋼電線管	屋外の露出配管	溶融亜鉛めっき仕様も有り

2. ボタンの種類

記号	名称
◉	握り押しボタン
◉B	電磁開閉器用押しボタン
◉BL	確認表示灯付電磁開閉器用押しボタン
◉F	フロートスイッチ
◉LF	フロートレススイッチ電極 ※電極数が3ならLF3
◉P	圧力スイッチ
▣	押しボタン
▣	押しボタン（壁付）
TS	タイムスイッチ

3. コンセントの刃受けの形状

使用電圧	定格電流		
	15A	15・20A兼用	20A
単相100V （定格125V）	（接地極付） （接地極付） 抜け止め形	（接地極付）	（接地極付）
単相200V （定格250V）	（接地極付）	（接地極付）	
三相200V （定格250V）	（接地極付）		（接地極付） ※30Aも同様

4. スイッチと回路図

●	●2P	●4	●3	●L	●H
単極 スイッチ	2極 スイッチ	4路 スイッチ	3路 スイッチ	確認表示灯 内蔵スイッチ	位置表示灯 内蔵スイッチ

5. 配管接続の種類

	金属管カップリング（ねじ込み）	ねじが切ってある薄鋼電線管（C管）や厚鋼電線管（G管）をねじ込んで接続
	金属管カップリング（ねじなし）	ねじなし電線管（E管）を挿入して，止めねじを締め付けて接続
	TSカップリング	硬質塩化ビニル電線管（VE管）を相互接続するときに使用
	PF管用カップリング	合成樹脂製可とう電線管（PF管）を相互接続するときに使用
	コンビネーションカップリング	種類が異なる電線管を相互接続するときに使用 写真は，ねじなし電線管と2種金属製可とう電線管の接続用

6. 主な回路開閉

記号	名称	備考
B	配線用遮断器	過負荷や短絡で大電流が流れたときに回路を遮断
E	漏電遮断器	漏電検知で回路を遮断
BE	漏電遮断器（過負荷保護付）	過電流や漏電電流が流れたら回路を遮断
B M または B	モーターブレーカー	モーターに過負荷がかかったら回路を遮断
S	開閉器	電力回路や電力機器の開閉スイッチ
S	電流計付箱開閉器	負荷電流を表示できる電流計付きのスイッチ

複線図作成後に解答 ➡ 複線図を描けるようにしよう！

①最少電線本数（心線数）

②ボックス内の接続をすべて圧着接続とする場合，使用するリングスリーブの種類と最少個数または，圧着接続後の刻印との組合せ

③ボックス内の接続をすべて差込コネクタとする場合，使用する差込コネクタの種類と最少個数

〈1 灯点滅とコンセントを含む回路と複線図〉

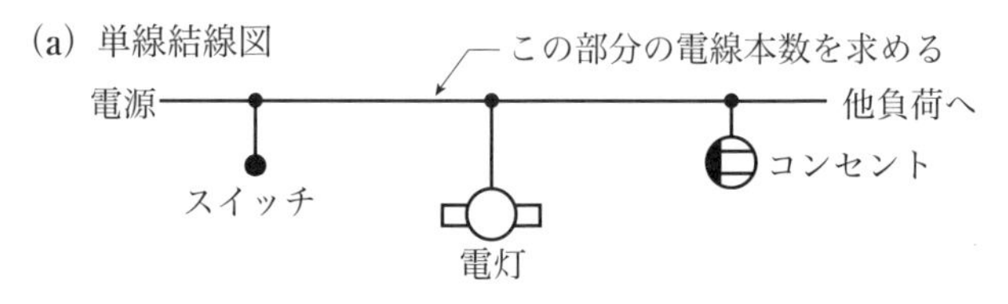

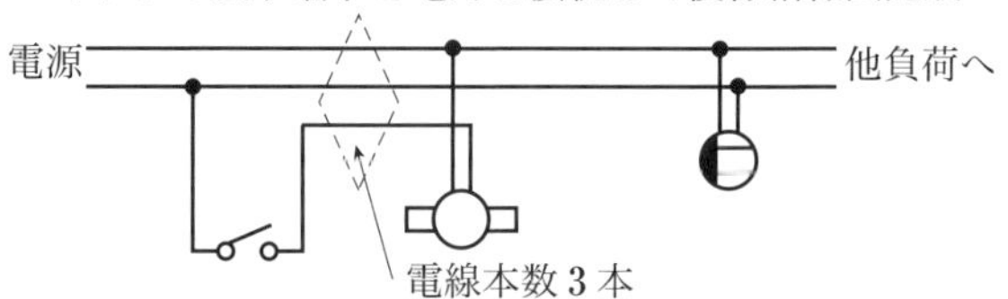

〈3 灯点滅回路と複線図〉

◉ 3 灯 1 箇所点滅回路（他負荷への電源送りあり）

(a) 単線結線図

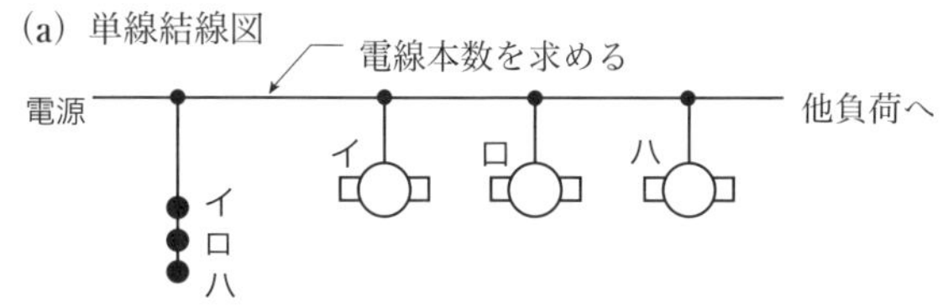

(b) 複線結線図

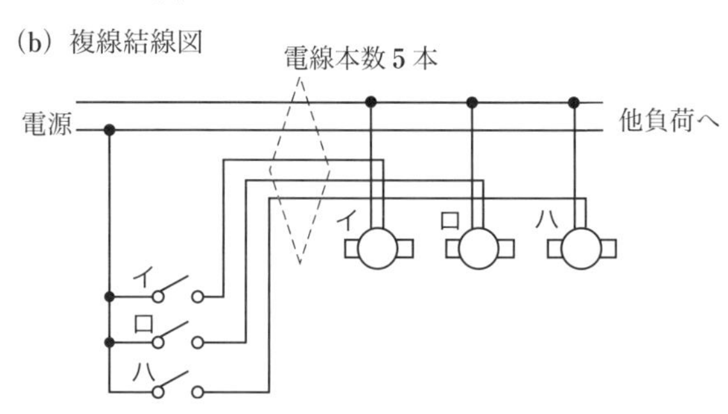

〈3 路スイッチ回路と複線図〉

◉1灯 2 箇所点滅回路（3 路スイッチ使用）

(a) 単線結線図

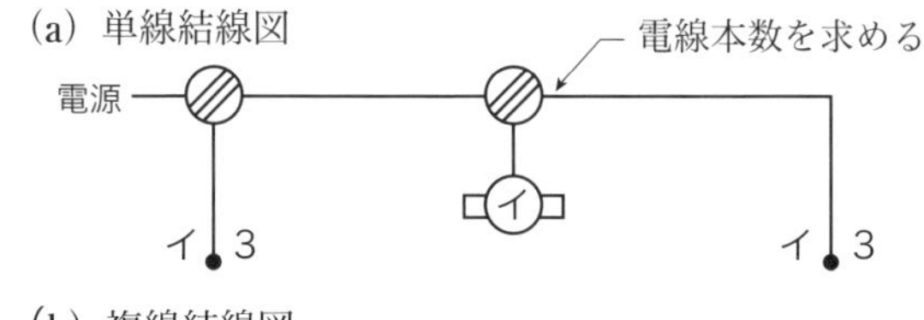

(b) 複線結線図

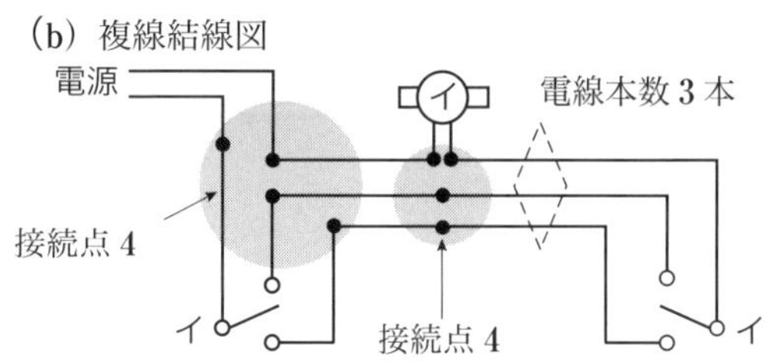

〈3 路スイッチと 4 路スイッチ回路と複線図〉

◉1灯 3 箇所点滅回路（3 路スイッチと 4 路スイッチ使用）

(a) 単線結線図　　(b) 複線結線図

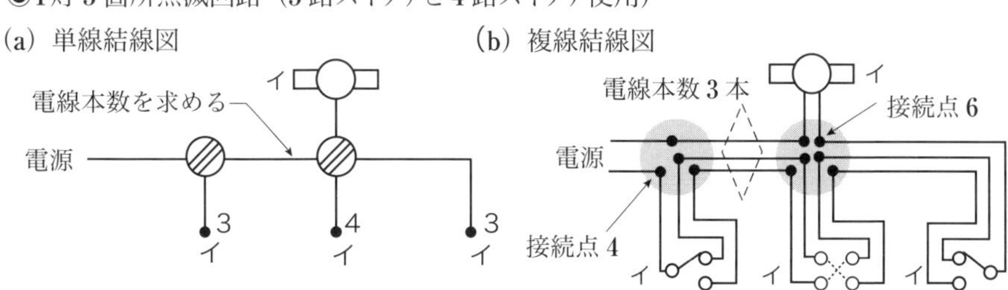

問題 01　①で示す図記号の名称は。

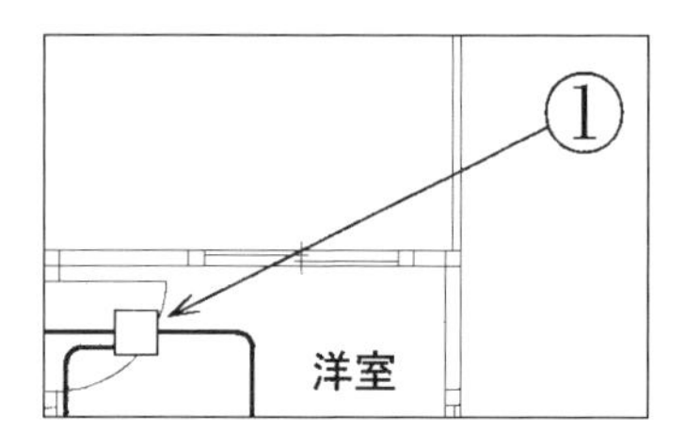

イ．プルボックス
ロ．VVF 用ジョイントボックス
ハ．ジャンクションボックス
ニ．ジョイントボックス

令和 5 年（上期）午後 31 出題
同問：令和 5 年（上期）午前 35，令和 3 年（下期）午前 31

問題 02　②で示す図記号の器具の名称は。

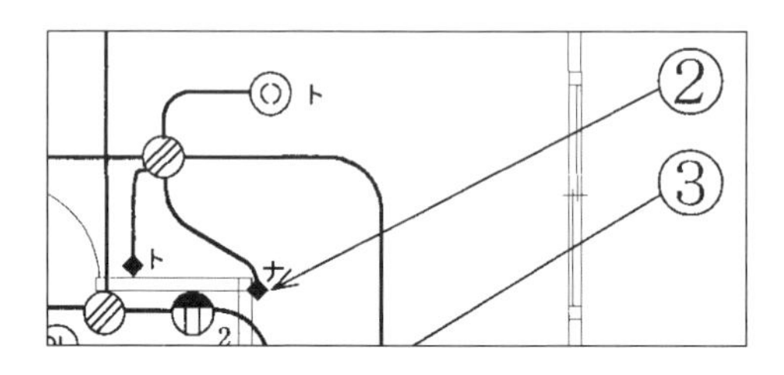

イ．タイマ付スイッチ
ロ．遅延スイッチ
ハ．ワイドハンドル形点滅器
ニ．熱線式自動スイッチ

令和 5 年（上期）午前 37 改題
類問：令和 3 年（下期）午前 32

①で示す図記号の名称は，JIS C 0303により，ジョイントボックスである。

したがって，**ニ**である。

なお，イのプルボックスの図記号は，⊠

ロのVVF用ジョイントボックスの図記号は，⊘

ハのジャンクションボックスの図記号は，---◎---

記号	名称	備考
□	ジョイントボックス	接続した電線を収めるボックス
⊠	プルボックス	配管を集め中継する箱，通線を容易にして接続電線を収めるボックス
⊘	VVFジョイントボックス	接続したVVFケーブルを収めるボックス
◎	ジャンクションボックス	電線の中継，分岐用ボックス

②で示す図記号◆の器具の名称は，JIS C 0303により，ワイドハンドル形点滅器である。

したがって，**ハ**である。

なお，イのタイマ付スイッチの図記号は，$●_T$

ロの遅延スイッチの図記号は，$●_D$

ニの熱線式自動スイッチの図記号は，$●_{RAS}$

答 ハ

問題03 ③で示す部分の最少電線本数（心線数）は。

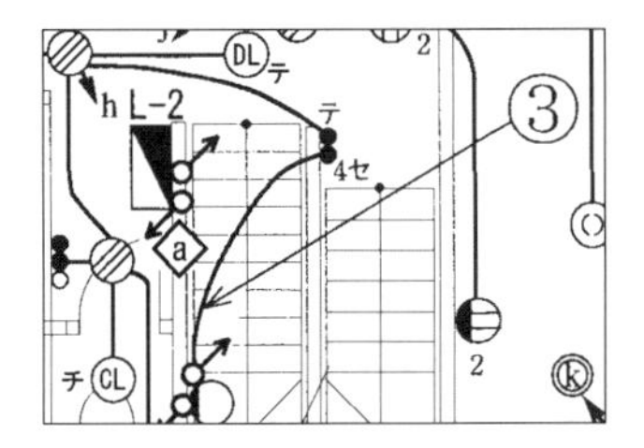

イ．2
ロ．3
ハ．4
ニ．5

令和３年（下期）午前33出題

問題04 ④で示す部分に施設する機器は。

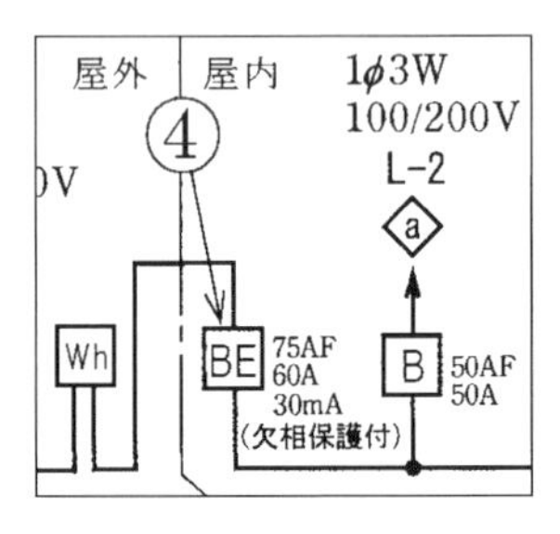

イ．3極2素子配線用遮断器（中性線欠相保護付）
ロ．3極2素子漏電遮断器（過負荷保護付，中性線欠相保護付）
ハ．3極3素子配線用遮断器
ニ．2極2素子漏電遮断器（過負荷保護付）

令和５年（上期）午後34出題
同問：令和３年（下期）午前35
類問：令和４年（上期）午前36，令和３年（下期）午後36，令和３年（下期）午前35

問題05 ⑤で示す部分の図記号の傍記表示「LK」の種類は。

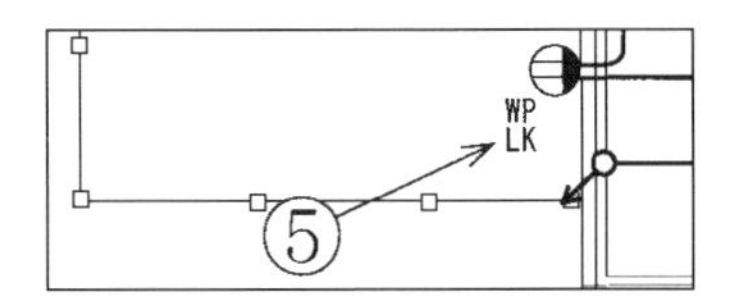

イ．引掛形
ロ．ワイド形
ハ．抜け止め形
ニ．漏電遮断器付

令和３年（下期）午前40出題

解答 03

③で示す部分の最少電線本数は，4 路スイッチの配線なので，4 本である。

なお，3 路スイッチの配線は 3 本である。

したがって，**ハ**である。

答 ハ

解答 04

④で示す部分に施設する機器は，単相 3 線式回路の過負荷保護付，中性線欠相保護付漏電遮断器であるので，3 極 2 素子の漏電遮断器である。

したがって，**ロ**である。

＊配線用遮断器の種類
- ・3P3E：極数 3，素子数 3 ➡ 3 相 3 線式（電圧線 3 本）
  3 相 200 V モーター等，3 極に過電流引き外し素子
- ・3P2E：極数 3，素子数 2 ➡単相 3 線式 200 V（電圧線 2 本）
  引込線，2 極に過電流引き外し素子
- ・2P2E：極数 2，素子数 2 ➡単相 2 線式 200 V（電圧線 2 本）
  家庭用エアコン等，2 極に過電流引き外し素子
- ・2P1E：極数 2，素子数 1 ➡単相 2 線式 100 V（電圧線 1 本）
  単相 100 V 家庭用コンセント等，1 極に過電流引き外し素子

解答 05

⑤で示す部分の図記号の傍記表示「LK」の種類は，JIS C 0303 により，抜け止め形である。

したがって，**ハ**である。

なお，イの引掛形の図記号は，

ロのワイド形の図記号は，

ニの漏電遮断器付の図記号は，EL

答 ハ

問題 06 ～問題 23 の全体の配線図は，206 ページを参照

①で示す部分の最少電線本数（心線数）は。

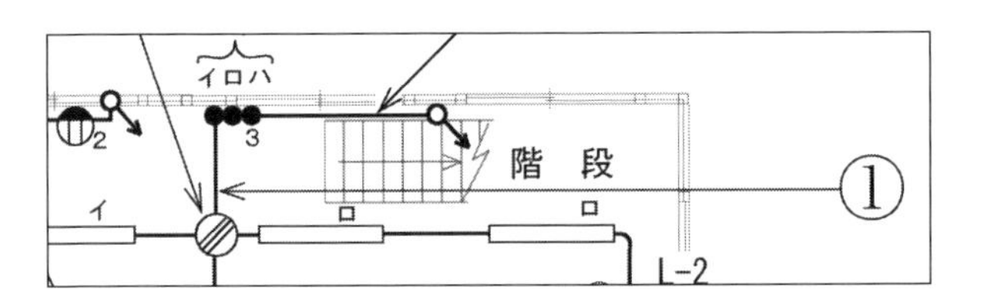

イ．3　　ロ．4　　ハ．5　　ニ．6

令和 4 年（上期）午前 31 出題
同問：令和 3 年（下期）午後 31
類問：令和 5 年（上期）午前 34，令和 3 年（下期）午前 33，令和 3 年（上期）午後 39，
令和 3 年（上期）午前 40

③で示す部分の配線工事で用いる管の種類は。

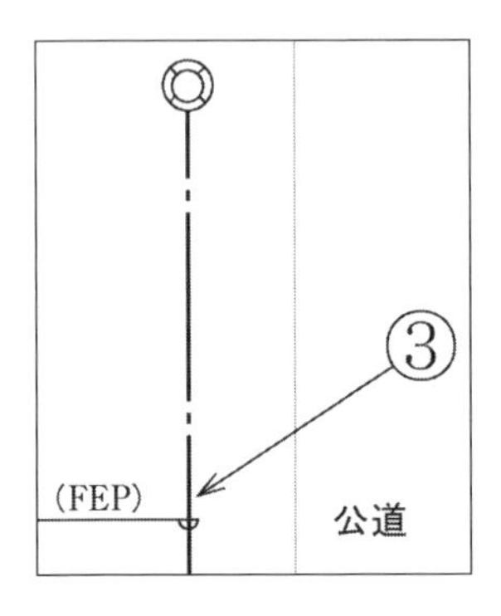

イ．硬質ポリ塩化ビニル電線管
ロ．耐衝撃性硬質ポリ塩化ビニル電線管
ハ．耐衝撃性硬質ポリ塩化ビニル管
ニ．波付硬質合成樹脂管

令和 4 年（上期）午前 33 出題
類問：令和 3 年（下期）午前 39，令和 2 年（下期）午後 34

解答 06　①の部分を複線図にすると下図のようになる。
したがって，**ロ**である。

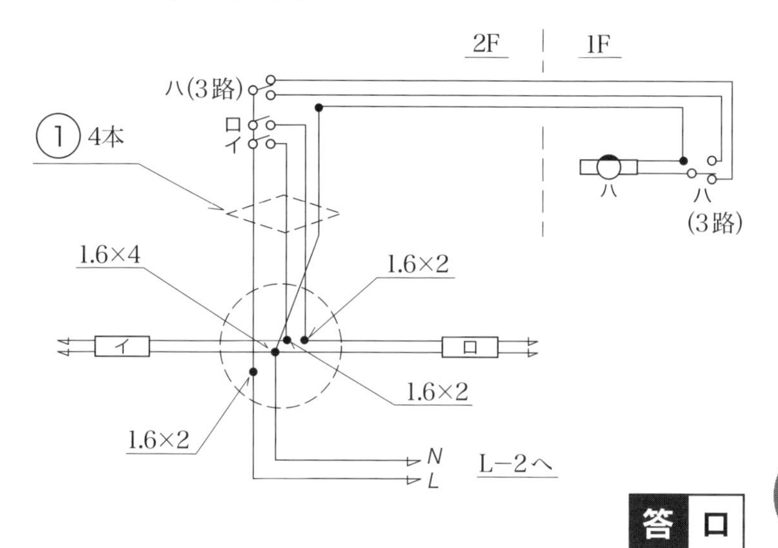

答　ロ

解答 07　③で示す部分の配線工事で用いる管の種類は，図面に FEP とあるので，波付硬質合成樹脂管である。

したがって，**ニ**である。

なお，イの硬質ポリ塩化ビニル電線管（硬質塩化ビニル電線管）の記号は，VE である。

ロの耐衝撃性硬質ポリ塩化ビニル電線管（耐衝撃性硬質塩化ビニル電線管）の記号は，HIVE である。

ハの耐衝撃性硬質ポリ塩化ビニル管（耐衝撃性硬質塩化ビニル管）の記号は，HIVP である。

答　ニ

④で示す図記号の名称は。

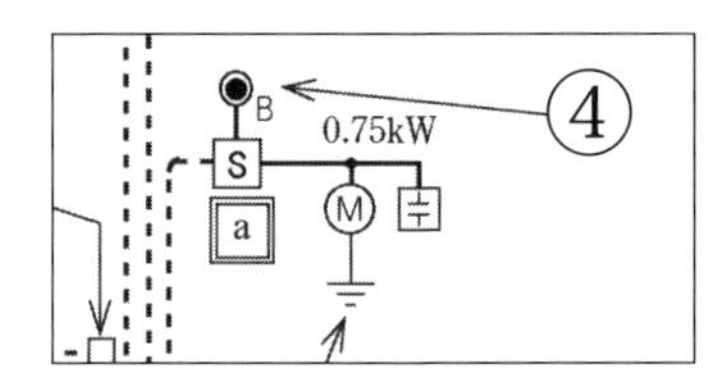

イ. フロートスイッチ
ロ. 圧力スイッチ
ハ. 電磁開閉器用押しボタン
ニ. 握り押しボタン

令和４年（上期）午前 34 出題
類問：令和３年（下期）午後 33

⑦で示す部分の接地工事の接地抵抗の最大値と，電線（軟銅線）の最小太さとの組合せで，**適切なものは**。

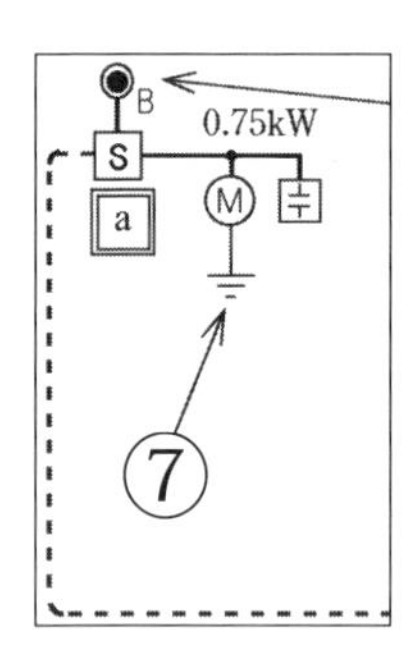

イ. 100 Ω 2.0 mm
ロ. 300 Ω 1.6 mm
ハ. 500 Ω 1.6 mm
ニ. 600 Ω 2.0 mm

令和４年（上期）午前 37 出題
類問：令和３年（下期）午後 38，令和３年（下期）午前 38，令和３年（上期）午後 37，令和２年（下期）午後 38

④で示す図記号は，JIS C 0303 により，電磁開閉器用押しボタンである。

したがって，**ハ**である。

なお，イのフロートスイッチの図記号は，F

ロの圧力スイッチの図記号は，P

ニの握り押しボタンの図記号は，

答　ハ

解答 09

⑦で示す部分の接地工事は，動力分電盤結線図 P − 1 a より三相 200 V 回路なので，D 種接地工事である。

・D 種接地工事の接地抵抗値は 100 Ω 以下だが，0.5 秒以内に動作する漏電遮断器を施設した場合の最大値は 500 Ω 以下

＊動力分電盤結線図 P − 1 a の主幹には漏電遮断器が設置されていて，動作時間が記載されていないが，感電保護のためなので，動作時間は 0.1 秒以内である。

・D 種接地工事の電線（軟銅線）の最小値は 1.6 mm 以上

したがって，**ハ**である。

接地工事の種類

<table>
<tr><th>種類</th><th>主な施設場所</th><th colspan="2">接地抵抗値</th><th>接地線の太さ</th></tr>
<tr><td>A 種</td><td>高圧機器の金属製外箱</td><td colspan="2">10 Ω以下</td><td rowspan="2">2.6 mm 以上</td></tr>
<tr><td>B 種</td><td>変圧器低圧側の 1 端子</td><td colspan="2">[150/（1 線地絡電流）] Ω以下</td></tr>
<tr><td>C 種</td><td>300 V 超の低圧機器の金属製外箱</td><td>10 Ω以下</td><td rowspan="2">0.5 秒以内に動作する漏電遮断器を施設した場合は500 Ω以下</td><td rowspan="2">1.6 mm 以上</td></tr>
<tr><td>D 種</td><td>300 V 以下の低圧機器の金属製外箱</td><td>100 Ω以下</td></tr>
</table>

答　ハ

問題10　⑧で示す部分の電路と大地間の絶縁抵抗として，許容される最小値［MΩ］は。

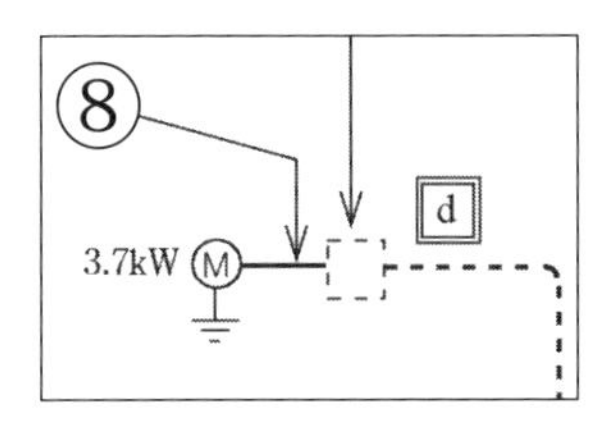

イ． 0.1　　**ロ．** 0.2　　**ハ．** 0.4　　**ニ．** 1.0

令和４年（上期）午前 38 出題
類問：令和３年（下期）午前 36，令和３年（上期）午前 38，令和２年（下期）午前 35，
2019 年（下期）39

問題11　⑩で示すコンセントの極配置（刃受）で，**正しいものは**。

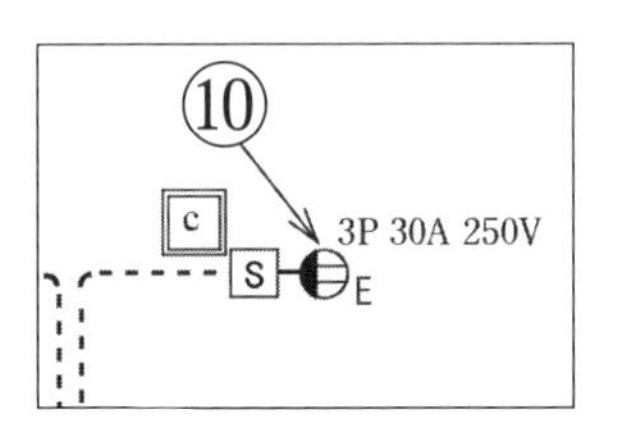

イ．
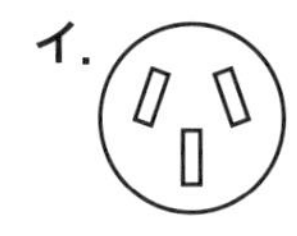
ロ．

ハ．

ニ．
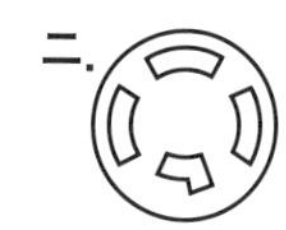

令和４年（上期）午前 40 出題
同問：令和３年（下期）午後 39　　類問：令和３年（上期）午前 35，令和２年（下期）午後 31

解答 10 **電技第 58 条**により，絶縁抵抗値は右表のようになる。

電路の使用電圧の区分		絶縁抵抗値
300 V 以下	対地電圧 150 V 以下の場合	0.1 MΩ
	その他の場合	0.2 MΩ
300 V を超えるもの		0.4 MΩ

⑧で示される回路は三相 3 線式回路であるので，対地電圧は 200 V となる。

よって，上表より 0.2 MΩ となる。

したがって，電路と大地間の絶縁抵抗として，許容される最小値は，**ロ**である。

参考

低圧 300 V 以下（三相 200 V）➡絶縁抵抗は 0.2 MΩ 以上
200 V ÷ 0.001 A = 0.2 MΩ　➡漏洩電流 1 mA 以下

解答 11 ⑩で示す部分に使用するコンセントの極配置（刃受）は，内線規程 3203-4（用途の異なるコンセント）により，3 P 30 A 250 V 接地極付コンセントである。

したがって，極配置は**ロ**である。

なお，イの極配置は，3 P 15 A 250 V コンセントである。

ハの極配置は，接地極付 2 P 15 A 250 V 引掛形コンセントである。

ニの極配置は，接地極付 3 P 20 A 250 V 引掛形コンセントである。

問題12 ⑪で示すボックス内の接続をすべて圧着接続とする場合，使用するリングスリーブの種類と最少個数の組合せで，**正しいものは**。

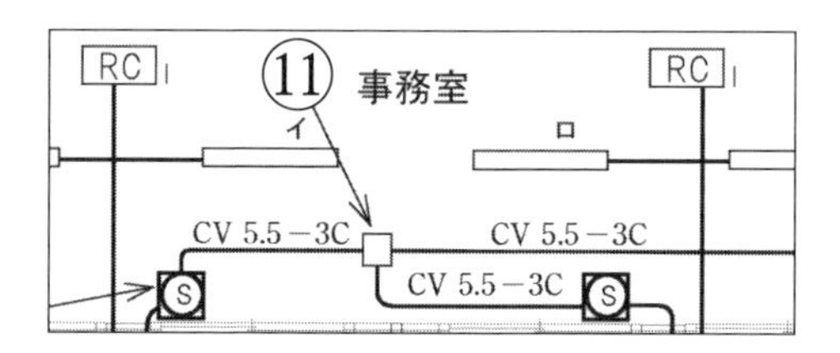

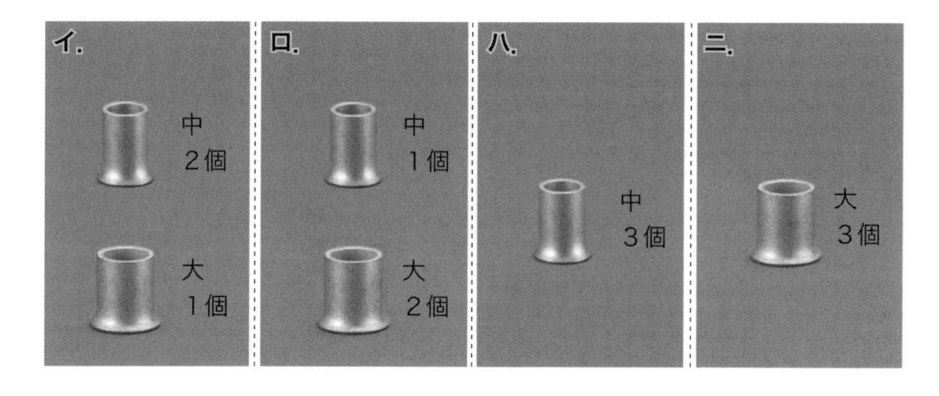

令和４年（上期）午前 41 出題
類問：令和５年（上期）午前 42，令和３年（下期）午前 47，令和３年（上期）午後 42，
令和３年（上期）午前 47，令和２年（下期）午前 48

⑪で示す部分に使用するリングスリーブの種類と最少の個数の組合せで，正しいものは，**ニ**である。

内線規程 1335 － 2 表により，下図の CV 5.5 mm^2 の 3 本の接続には，リングスリーブ大を使用する。それが 3 箇所あるので，リングスリーブ大を 3 個使用する。

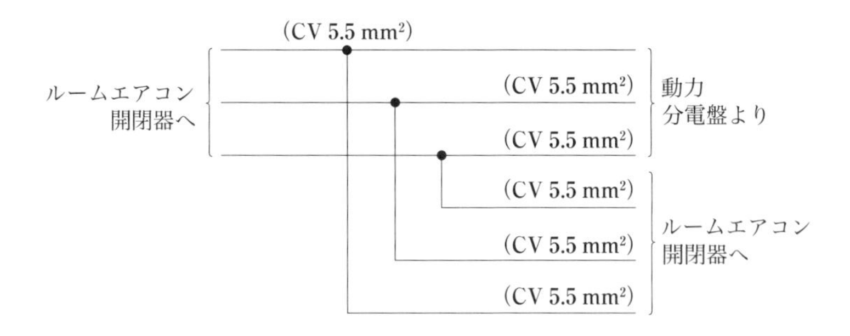

●電線とリングスリーブ組合せ

接続電線		リングスリーブ	
太さ	本数	サイズ	圧着マーク
1.6 mm	2 本	小	○
	3 ～ 4 本	小	小
	5 ～ 6 本	中	中
2.0 mm	2 本	小	小
	3 ～ 4 本	中	中
2.0 mm（1 本）＋ 1.6 mm（1 ～ 2 本）		小	小
2.0 mm（1 本）＋ 1.6 mm（3 ～ 5 本）		中	中
2.0 mm（2 本）＋ 1.6 mm（1 ～ 3 本）			
2.6 mm 又は 5.5 mm^2	2 本	中	中
	3 本	大	大

7 配線図

問題 13　⑫で示すボックス内の接続をすべて差込形コネクタとする場合，使用する差込形コネクタの種類と最少個数の組合せで，**正しいものは**。ただし，使用する電線はすべて VVF1.6 とする。

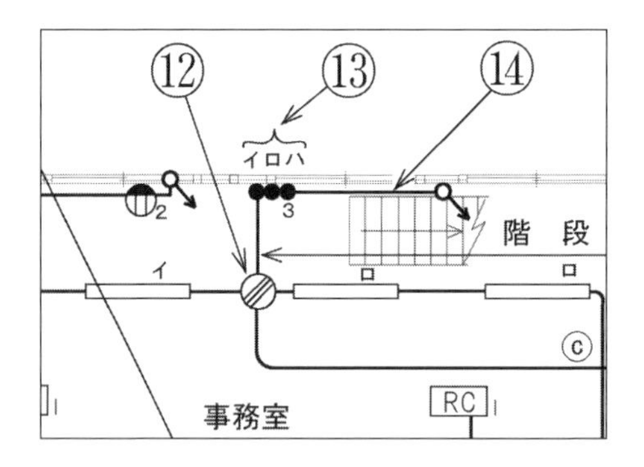

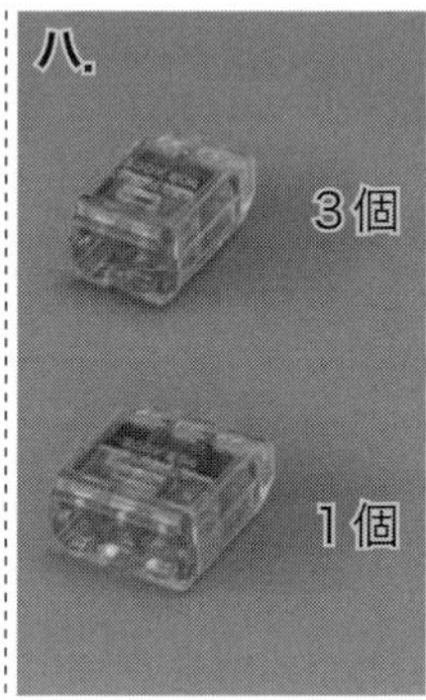

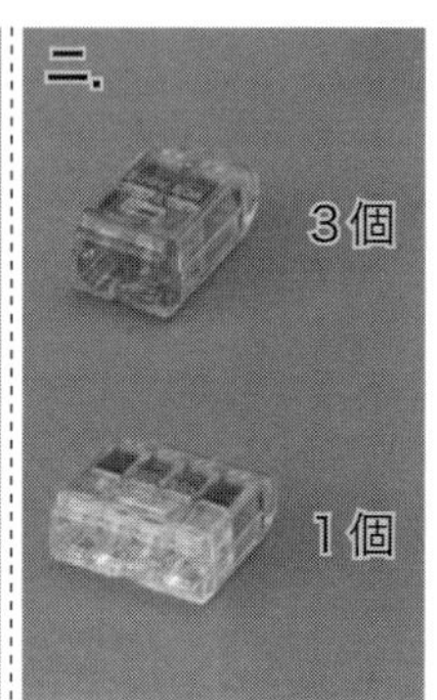

令和 4 年（上期）午前 42 出題
類問：令和 5 年（上期）午前 41，令和 3 年（下期）午前 45，令和 3 年（上期）午後 47，
令和 3 年（上期）午前 48，令和 2 年（下期）午前 43

⑫の部分を複線図にすると下図のようになる。
したがって，**ニ**である。

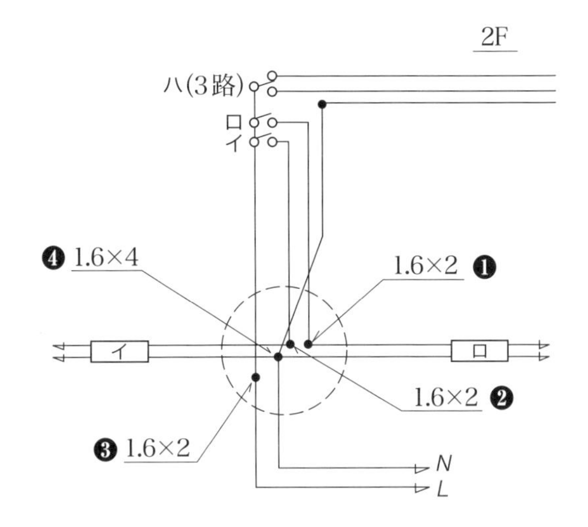

⑫接続点は4箇所　２極差込形コネクタは3個 (❶ ❷ ❸)
４極差込形コネクタは1個 (❹)

⑮で示すボックス内の接続をリングスリーブで圧着接続した場合のリングスリーブの種類，個数及び圧着接続後の刻印との組合せで，**正しいものは**。

ただし，使用する電線はすべてIV1.6とする。

また，写真に示す**リングスリーブ中央**の○，**小**，**中**は刻印を表す。

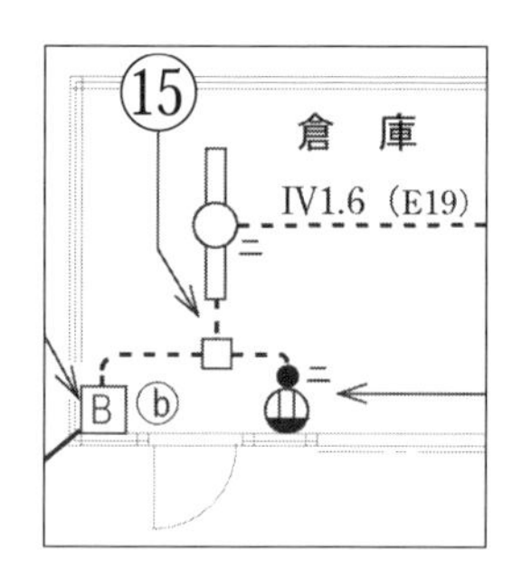

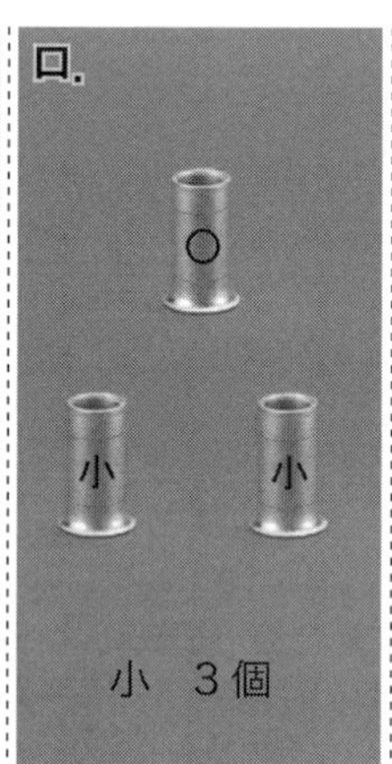

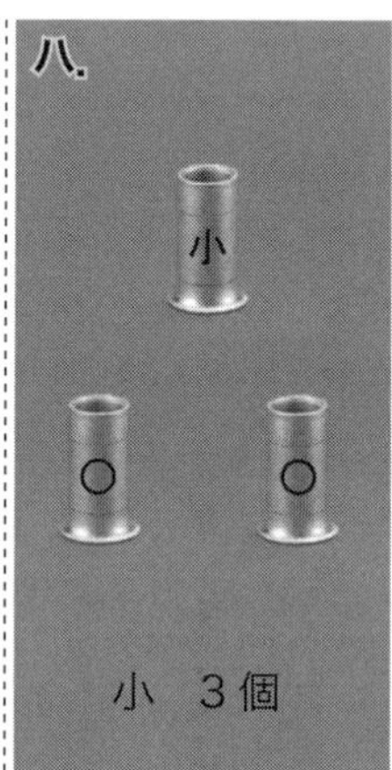

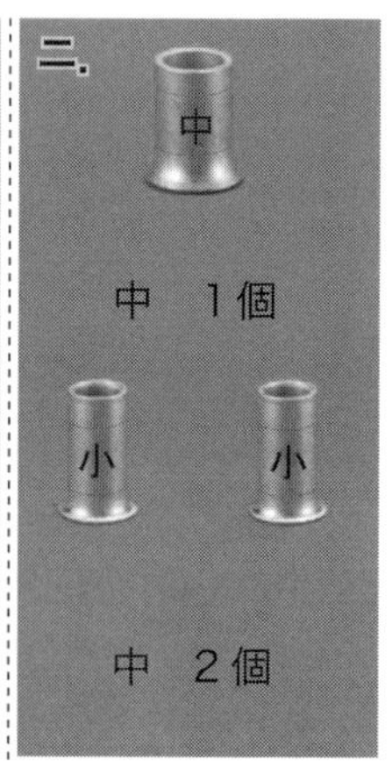

令和4年（上期）午前45出題
同問：平成28年（下期）44
類問：令和5年（上期）午前47，令和3年（下期）午前44，令和3年（上期）午後48，
令和3年（上期）午前46，令和2年（下期）午後47，令和2年（下期）午前42

⑮の部分を複線図にすると，下図のようになる。

複線図より，接続点は，3箇所で，電線IV 1.6 mm 2本の接続点が2箇所，電線IV 1.6 mm 3本の接続点が1箇所である。

また，圧着マーク○は，直径1.6 mmの電線2本専用の刻印で，3～4本では小とする。

したがって，⑮で示す部分の接続工事をリングスリーブで圧着接続した場合のリングスリーブの種類，個数及び刻印との組合せで正しいものは，**ハ**である。

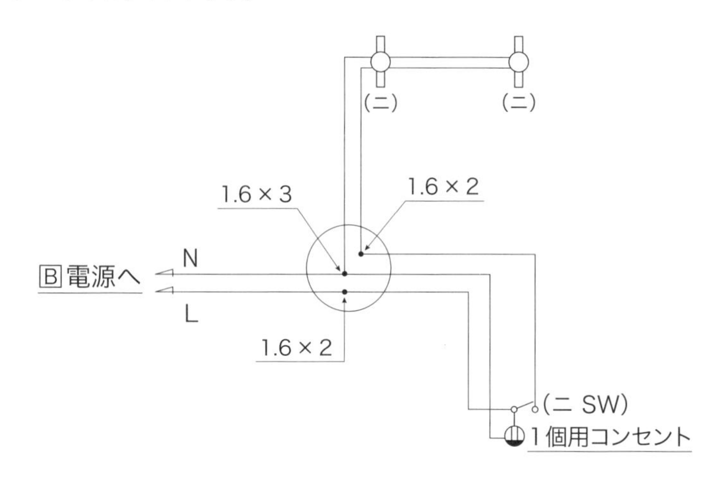

●電線とリングスリーブ組合せ

接続電線		リングスリーブ	
太さ	本数	サイズ	圧着マーク
1.6 mm	2本	小	○
	3～4本	小	小
	5～6本	中	中
2.0 mm	2本	小	小
	3～4本	中	中
2.0 mm（1本）＋1.6 mm（1～2本）		小	小
2.0 mm（1本）＋1.6 mm（3～5本）		中	中
2.0 mm（2本）＋1.6 mm（1～3本）			
2.6 mm又は5.5 mm^2	2本	中	中
	3本	大	大

答　ハ

問題 15

⑯で示す部分の配線を器具の裏面から見たものである。**正しいものは**。

ただし，電線の色別は，白色は電源からの接地側電線，黒色は電源からの非接地側電線，赤色は負荷に結線する電線とする。

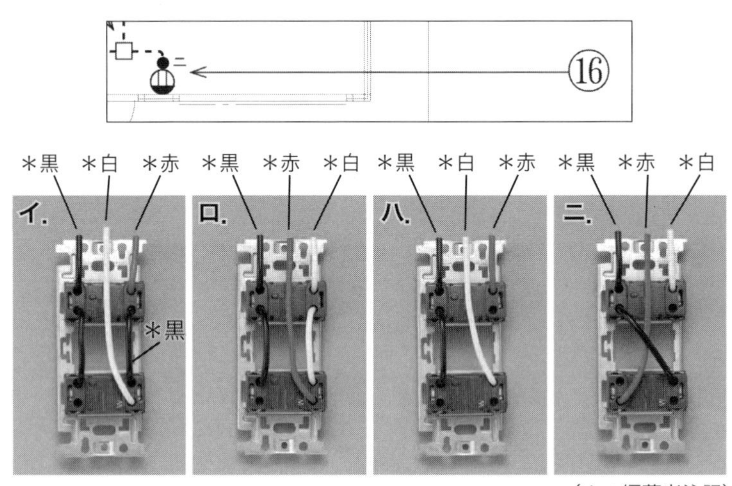

（＊：編著者注記）

令和 4 年（上期）午前 46 出題
同問：平成 28 年（下期）46　　類問：令和 5 年（上期）午前 45，令和 3 年（下期）午前 41

問題 16

⑱で示すジョイントボックス内の電線相互の接続作業に用いるものとして，**不適切なものは**。

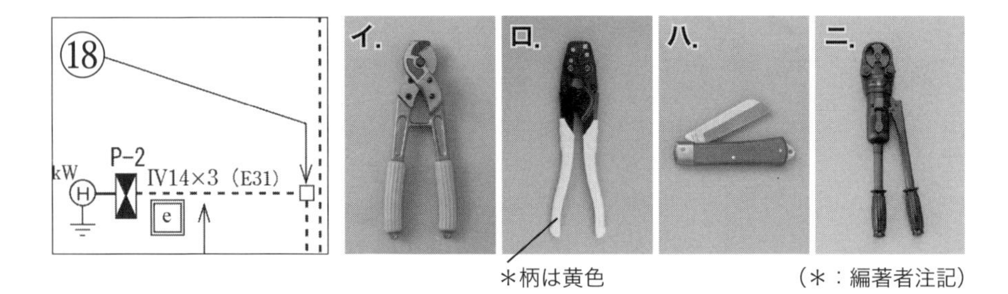

＊柄は黄色　　（＊：編著者注記）

令和 4 年（上期）午前 48 出題
類問：令和 3 年（下期）午後 50

解答 15

⑯で示す部分の配線器具の裏面より見たものは，下図の複線図より，黒色の非接地側電線がスイッチ（上部）とコンセント（下部）に接続，負荷よりの赤色線はスイッチに接続，電源よりの白色の接地側電線はコンセントに接続する。

したがって，**ハ**である。

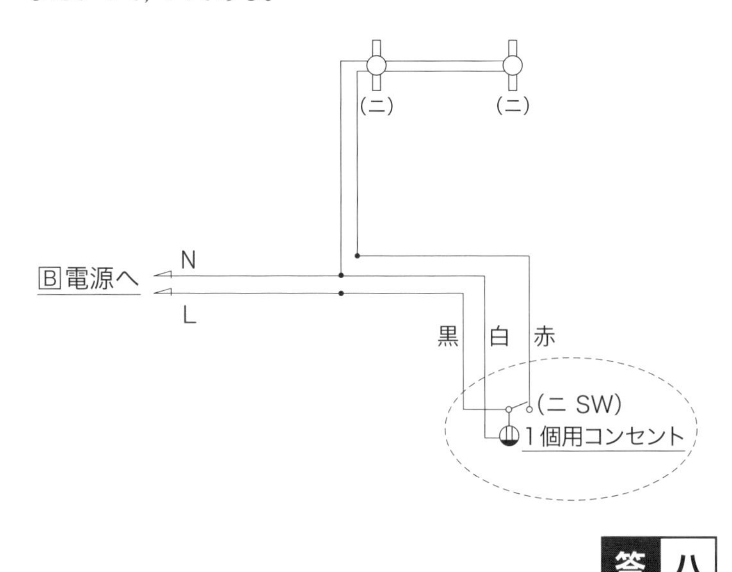

答 ハ

解答 16

⑱で示すジョイントボックス内の電線相互の接続作業に用いる工具として不適切なものは，柄が黄色の圧着工具（リングスリーブ用）で，1.6 mm や 2.0 mm の細い電線の接続に使用する。IV 14 mm のような太い電線には使わない。

したがって，**ロ**である。

なお，イで示す工具は，ケーブルカッターで，ケーブルの切断に用いる。

ハで示す工具は，電工ナイフで，電線の皮むき等に用いる。

ニで示す工具は，油圧式圧着工具で，太い電線の圧着端子等を圧着するのに用いる。

答 ロ

⑰で示す電線管相互を接続するために**使用されるものは**。

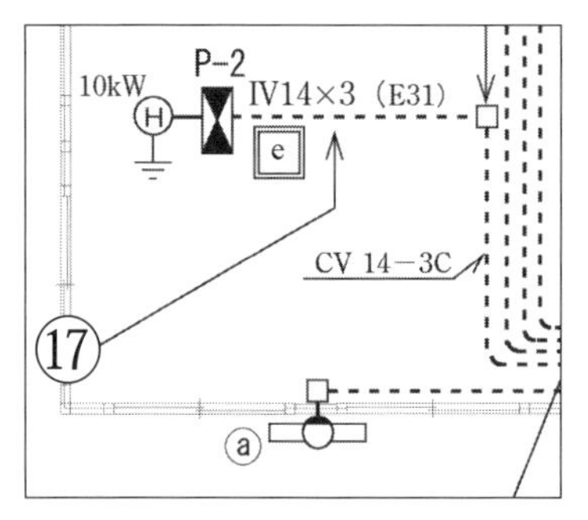

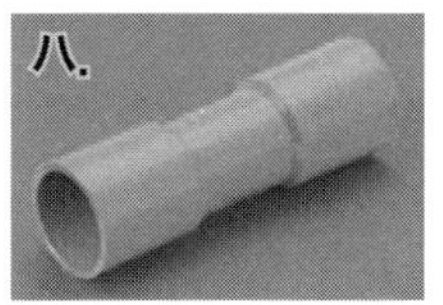

令和4年（上期）午前47出題
類問：平成30年（下期）42，平成29年（下期）43

問題18

⑰で示す部分を金属管工事で行う場合，管の支持に用いる材料は。

※問題17の配線図を参照

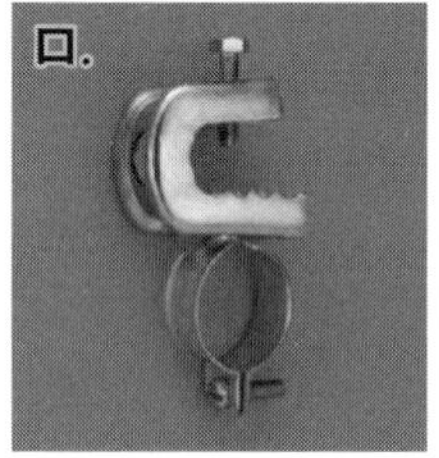

類問：令和3年（下期）午後49

解答 17　⑰で示す電線管相互を接続するために使用されるものは，**ニ**のねじなし電線管用カップリングで，ねじなし電線管相互の接続に使用する。E 31 は，ねじなし電線管である。

イは，コンビネーションカップリングで，金属製可とう電線管とねじなし電線管を接続するのに使用する。

ロは，カップリングで，鋼製電線管の接続に使用する。

ハは，TS カップリングで，硬質塩化ビニル電線管の接続に使用する。

解答 18　⑰で示す部分を金属管工事で行う場合，管の支持に用いる材料は，**ロ**の電線管支持金具（商品名：パイラック）である。

なお，イはねじなしボックスコネクタで，ねじなし電線管をボックスに接続するのに用いる。

ハはユニバーサルで，金属管を使用する露出配管工事で，金属管が直角に曲がるところに用いる。

ニはねじなし防水型カップリングで，ねじなし電線管相互の接続に用いる。

問題19

⑲で示す図記号の器具は。

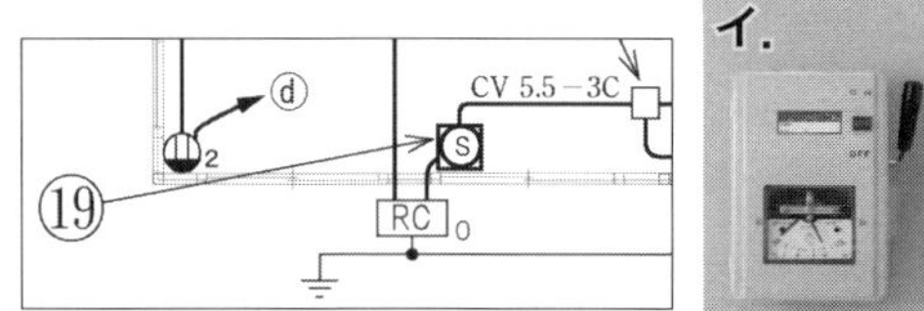

イ.
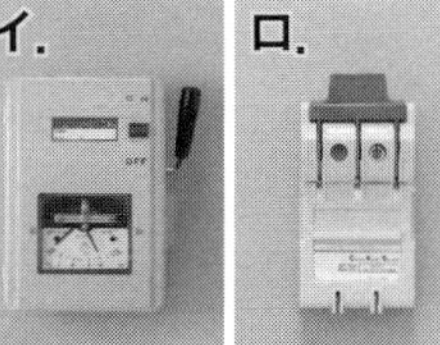
ロ.
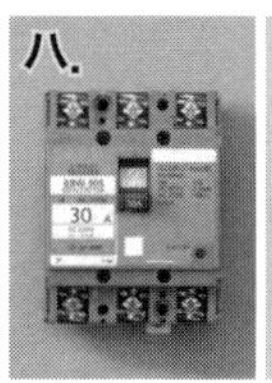
ハ.

ニ.

令和4年（上期）午前49出題
同問：平成28年（下期）49

問題20

⑳で示す図記号の計器の使用目的は。

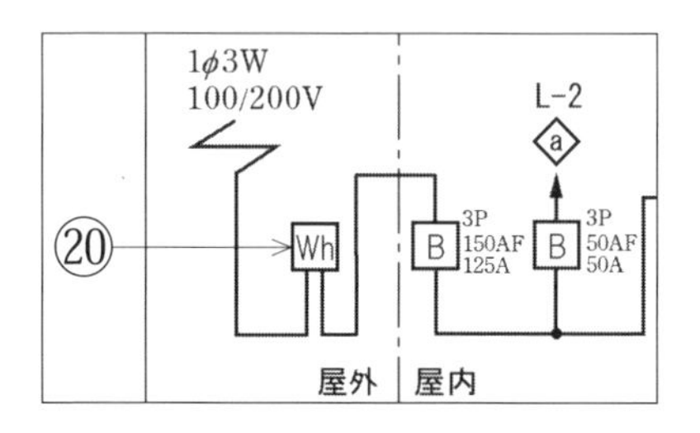

イ. 電力を測定する。
ロ. 力率を測定する。
ハ. 負荷率を測定する。
ニ. 電力量を測定する。

類問：令和3年（下期）午後37，平成29年（上期）36，平成28年（上期）34

問題21

㉑で示す図記号の機器は。

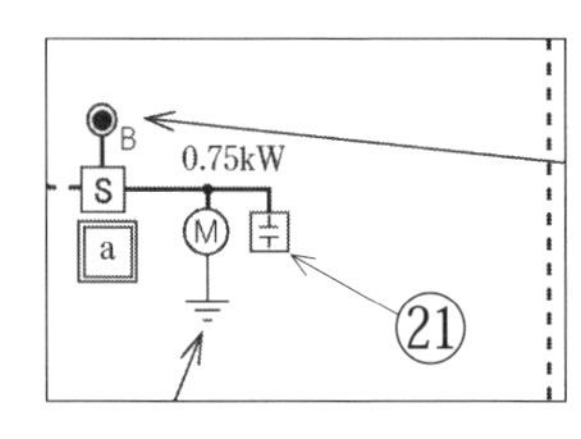

イ.
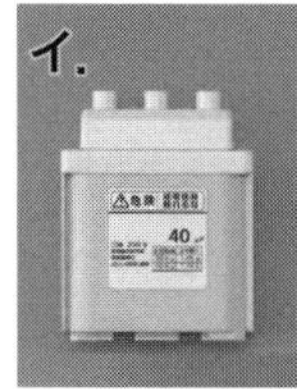
ロ.
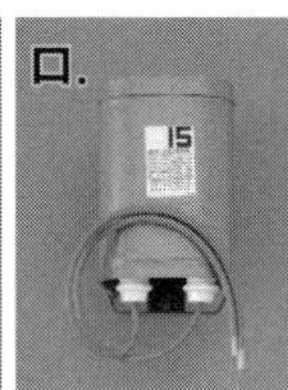
ハ.
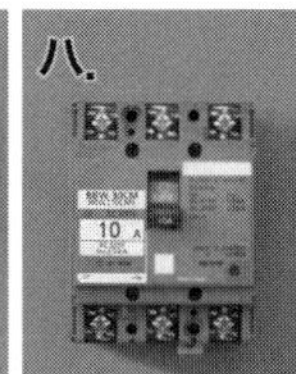
ニ.

類問：令和3年（下期）午後48

解答 19

⑲で示す図記号はJIS C 0303により，電流計付箱開閉器である。

したがって，**イ**である。

なお，ロは，カバー付ナイフスイッチである。

ハは，配線用遮断器である。

ニは，電磁開閉器（サーマルリレー付）である。

答 イ

解答 20

⑳で示す図記号の計器の使用目的は，JIS C 0303により，箱入りまたはフード付電力量計で，電力量を測定する。

したがって，**ニ**である。

答 ニ

解答 21

㉑で示す図記号の機器は，JIS C 0303により，低圧進相コンデンサである。

したがって，**イ**である。

なお，ロは，ネオン変圧器である。

ハは，配線用遮断器である。

ニは，電磁開閉器（サーマルリレー付）である。

答 イ

⑳で示す部分の接地抵抗を測定するものは。

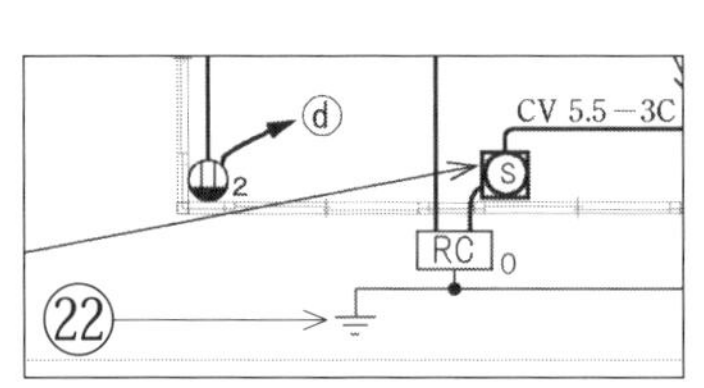

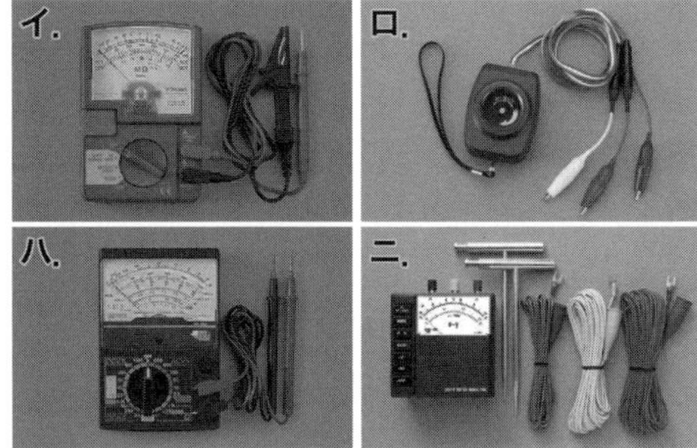

類問：令和３年（下期）午後 41

㉓で示す部分の配線工事に必要なケーブルは。
ただし，心線数は最少とする。

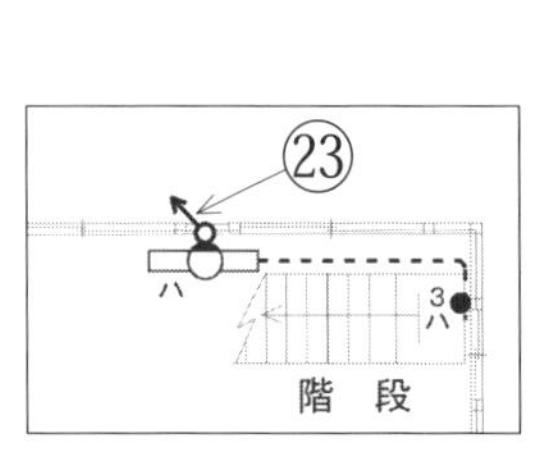

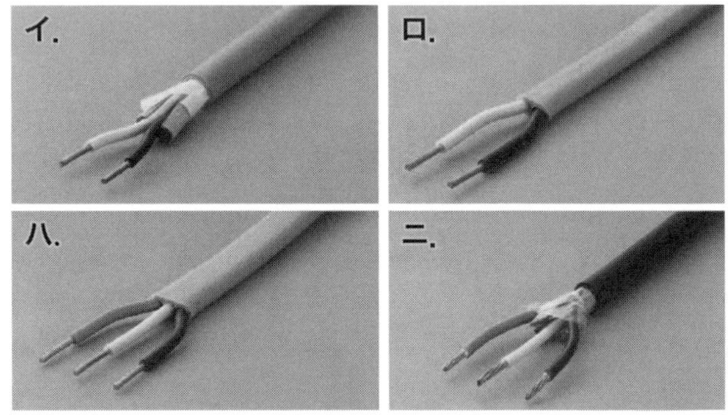

類問：令和３年（下期）午後 46

㉒で示す部分の接地抵抗を測定するものは，接地抵抗計である。
したがって，**ニ**である。
接地抵抗は下図のように測定する。

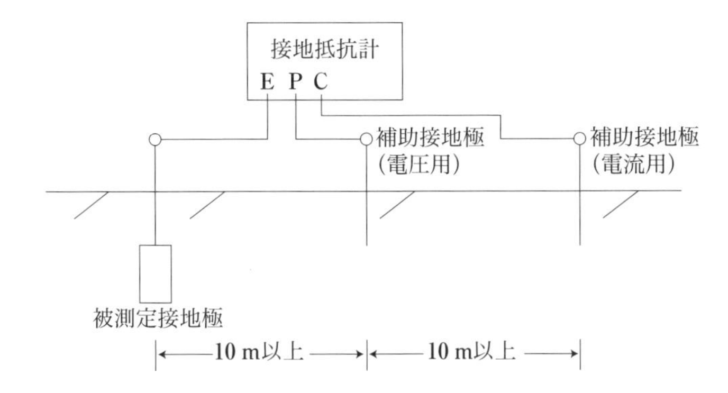

イは絶縁抵抗計で，低圧回路の絶縁抵抗を調べるのに用いる。
ロは相回転計（検相器）で，三相回路の相回転を調べるのに用いる。
ハは回路計（テスタ）で，回路の電圧や導通状態を調べるのに用いる。

7

配線図

図面より㉓の配線工事は，3 路スイッチの配線工事である。また，電灯配線工事には，VVF ケーブルを使用する。
したがって，㉓で示す部分の配線工事に必要なケーブルは，**ハ**の 600 V ビニル絶縁ビニルシースケーブル平形（VVF − 3C）である。
イは，600 V ビニル絶縁ビニルシースケーブル丸形（VVR − 2C）である。
ロは，600 V ビニル絶縁ビニルシースケーブル平形（VVF − 2C）である。
ニは，600 V 架橋ポリエチレン絶縁ビニルシースケーブル（CV − 3C）である。

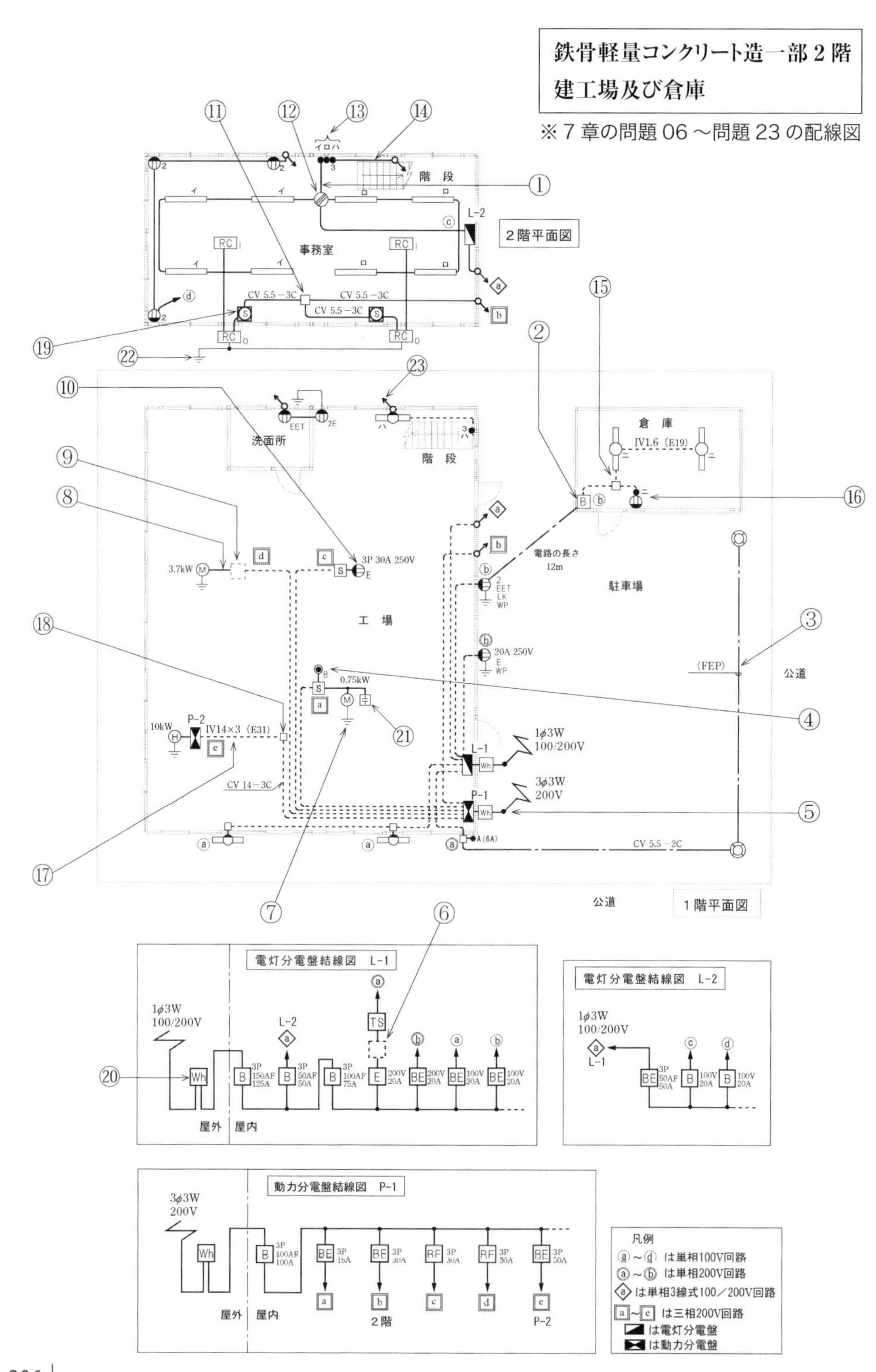
鉄骨軽量コンクリート造一部2階
建工場及び倉庫
※7章の問題06～問題23の配線図
2階平面図
階段
事務室
L-2
CV 5.5－3C
1階平面図
洗面所
階段
倉庫
IV1.6 (E19)
工場
駐車場
電路の長さ
12m
3P 30A 250V
3.7kW
0.75kW
20A 250V
(FEP)
公道
10kW
P-2
IV14×3 (E31)
CV 14－3C
L-1
1φ3W
100/200V
3φ3W
200V
P-1
CV 5.5－2C
A (6A)
電灯分電盤結線図 L-1
屋外
屋内
電灯分電盤結線図 L-2
動力分電盤結線図 P-1
2階
凡例
ⓐ～ⓓ は単相100V回路
ⓐ～ⓑ は単相200V回路
◇ は単相3線式100／200V回路
a～e は三相200V回路
は電灯分電盤
は動力分電盤

第二種電気工事士

令和５年度（下期）【午後】 学科試験問題

試験時間　2 時間
合格基準点　60 点以上

試験問題に使用する図記号等と国際規格の本試験での取り扱いについて

1. 試験問題に使用する図記号等

試験問題に使用される図記号は，原則として「JIS C 0617-1 ～ 13 電気用図記号」及び「JIS C 0303：2000 構内電気設備の配線用図記号」を使用することとします。

2.「電気設備の技術基準の解釈」の適用について

「電気設備の技術基準の解釈について」の第 218 条，第 219 条の「国際規格の取り入れ」の条項は本試験には適用しません。

◆下期学科試験結果データ◆
（【午後】【午前】の合計）

受験者数※	63,611 人
合格者数	37,468 人
合格率	58.9%

※受験者数内訳は，CBT 方式 8,980 人，筆記方式 54,631 人（【午前】【午後】の合計）

答 案 用 紙 ➡ p.247
解 答 一 覧 ➡ 別冊 p.47
解答・解説 ➡ 別冊 p.2

問題1 一般問題

問題数　30問
配点　1問当たり2点

【注】本問題の計算で$\sqrt{2}$，$\sqrt{3}$及び円周率πを使用する場合の数値は次によること。　$\sqrt{2}=1.41$，$\sqrt{3}=1.73$，$\pi=3.14$

次の各問いには4通りの答え（**イ**，**ロ**，**ハ**，**ニ**）が書いてある。それぞれの問いに対して答えを1つ選びなさい。
なお，選択肢が数値の場合は最も近い値を選びなさい。

問1　図のような回路で，8 Ωの抵抗での消費電力［W］は。

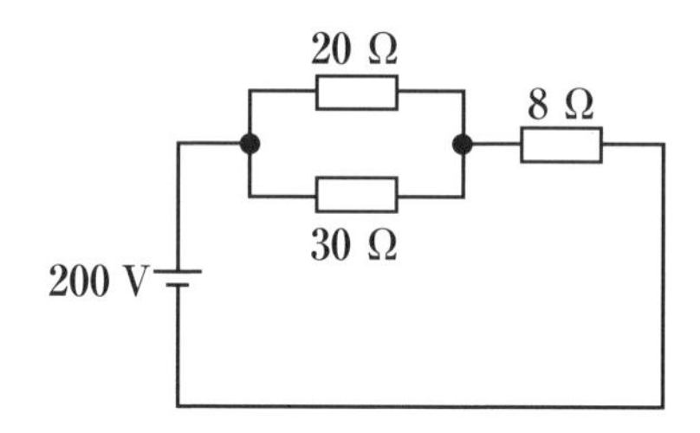

イ．200　　**ロ**．800　　**ハ**．1 200　　**ニ**．2 000

問2　抵抗率ρ［Ω・m］，直径D［mm］，長さL［m］の導線の電気抵抗［Ω］を表す式は。

イ．$\dfrac{4\rho L}{\pi D^2}\times 10^6$　　**ロ**．$\dfrac{\rho L^2}{\pi D^2}\times 10^6$

ハ．$\dfrac{4\rho L}{\pi D}\times 10^6$　　**ニ**．$\dfrac{4\rho L^2}{\pi D}\times 10^6$

問 3 電線の接続不良により，接続点の接触抵抗が 0.2 Ω となった。この電線に 10 A の電流が流れると，接続点から 1 時間に発生する熱量［kJ］は。

ただし，接触抵抗の値は変化しないものとする。

イ．72　　ロ．144　　ハ．288　　ニ．576

問 4 図のような抵抗とリアクタンスとが直列に接続された回路の消費電力［W］は。

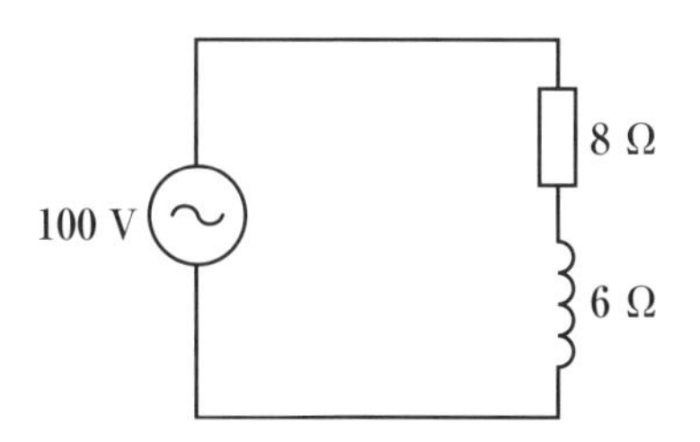

イ．600　　ロ．800　　ハ．1 000　　ニ．1 250

問 5 図のような三相負荷に三相交流電圧を加えたとき，各線に 20 A の電流が流れた。線間電圧 E［V］は。

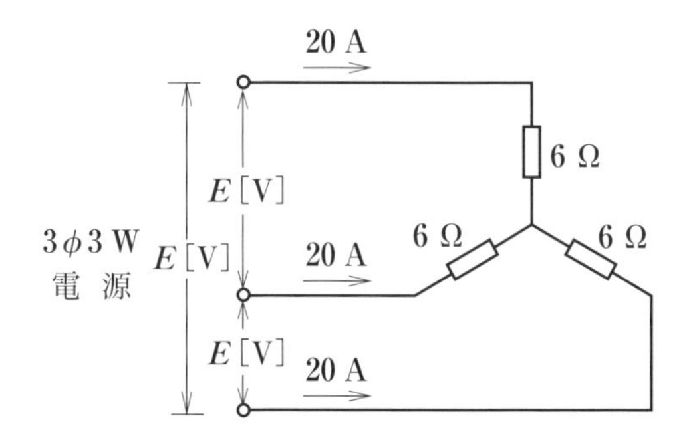

イ．120　　ロ．173　　ハ．208　　ニ．240

解答▶別冊 p.2 ～ 4

問 6 図のような三相 3 線式回路で，電線 1 線当たりの抵抗値が 0.15 Ω，線電流が 10 A のとき，この配線の電力損失［W］は。

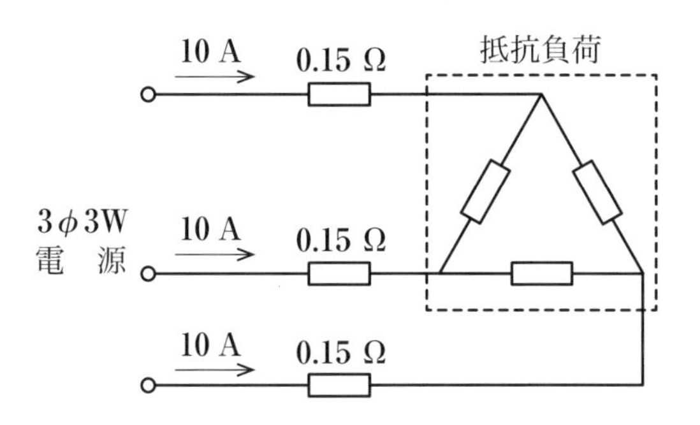

イ．2.6　　ロ．15　　ハ．26　　ニ．45

問 7 図のような単相 3 線式回路（電源電圧 210/105 V）において，抵抗負荷 A 20 Ω，B 10 Ω を使用中に，図中の✕印点 P で中性線が断線した。断線後の抵抗負荷 A に加わる電圧［V］は。

ただし，断線によって負荷の抵抗値は変化せず，どの配線用遮断器も動作しなかったものとする。

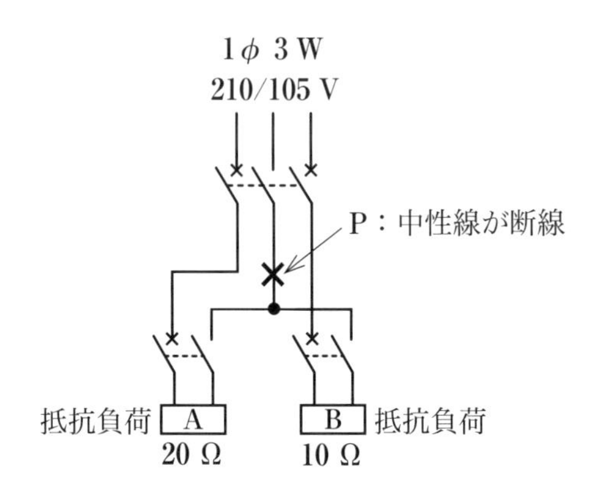

イ．70　　ロ．105　　ハ．140　　ニ．210

問 8 金属管による低圧屋内配線工事で，管内に断面積 3.5 mm^2 の 600 V ビニル絶縁電線（軟銅線）4 本を収めて施設した場合，電線 1 本当たりの許容電流［A］は。

ただし，周囲温度は 30 ℃以下，電流減少係数は 0.63 とする。

イ．19　ロ．23　ハ．31　ニ．49

問 9 図のように定格電流 50 A の配線用遮断器で保護された低圧屋内幹線から VVR ケーブル太さ 8 mm^2（許容電流 42 A）で低圧屋内電路を分岐する場合，a － b 間の長さの最大値［m］は。

ただし，低圧屋内幹線に接続される負荷は，電灯負荷とする。

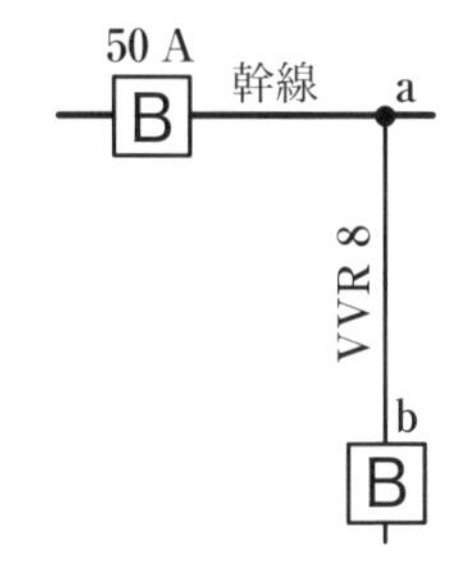

イ．3
ロ．5
ハ．8
ニ．制限なし

問 10 低圧屋内配線の分岐回路の設計で，配線用遮断器の定格電流とコンセントの組合せとして，**不適切なものは**。

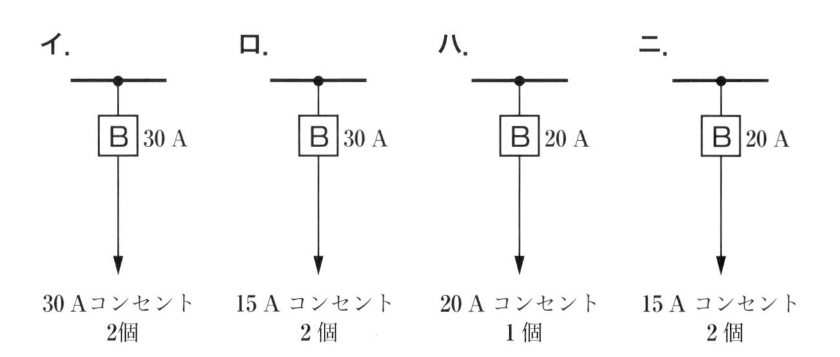

解答▶別冊 p.4 ～ 7

問 11　プルボックスの主な使用目的は。

イ．多数の金属管が集合する場所等で，電線の引き入れを容易にするために用いる。
ロ．多数の開閉器類を集合して設置するために用いる。
ハ．埋込みの金属管工事で，スイッチやコンセントを取り付けるために用いる。
ニ．天井に比較的重い照明器具を取り付けるために用いる。

問 12　600V ポリエチレン絶縁耐燃性ポリエチレンシースケーブルの特徴として，**誤っているものは**。

イ．分別が容易でリサイクル性がよい。
ロ．焼却時に有害なハロゲン系ガスが発生する。
ハ．ビニル絶縁ビニルシースケーブルと比べ絶縁物の最高許容温度が高い。
ニ．難燃性がある。

問 13　ノックアウトパンチャの用途で，**適切なものは**。

イ．金属製キャビネットに穴を開けるのに用いる。
ロ．太い電線を圧着接続する場合に用いる。
ハ．コンクリート壁に穴を開けるのに用いる。
ニ．太い電線管を曲げるのに用いる。

問 14　三相誘導電動機が周波数 50 Hz の電源で無負荷運転されている。この電動機を周波数 60 Hz の電源で無負荷運転した場合の回転の状態は。

イ．回転速度は変化しない。　　ロ．回転しない。
ハ．回転速度が減少する。　　ニ．回転速度が増加する。

問 15 漏電遮断器に関する記述として，**誤っているものは**。

イ．高速形漏電遮断器は，定格感度電流における動作時間が 0.1 秒以内である。

ロ．漏電遮断器には，漏電電流を模擬したテスト装置がある。

ハ．漏電遮断器は，零相変流器によって地絡電流を検出する。

ニ．高感度形漏電遮断器は，定格感度電流が 1 000 mA 以下である。

問 16 写真に示す材料の用途は。

イ．硬質ポリ塩化ビニル電線管相互を接続するのに用いる。

ロ．金属管と硬質ポリ塩化ビニル電線管とを接続するのに用いる。

ハ．合成樹脂製可とう電線管相互を接続するのに用いる。

ニ．合成樹脂製可とう電線管と CD 管とを接続するのに用いる。

問 17 写真に示す器具の用途は。

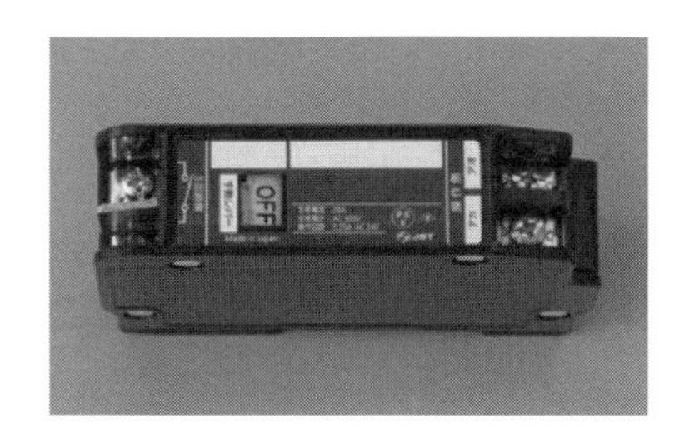

イ．リモコン配線の操作電源変圧器として用いる。

ロ．リモコン配線のリレーとして用いる。

ハ．リモコンリレー操作用のセレクタスイッチとして用いる。

ニ．リモコン用調光スイッチとして用いる。

解答▶別冊 p.7 ～ 9

問 18 写真に示す工具の用途は。

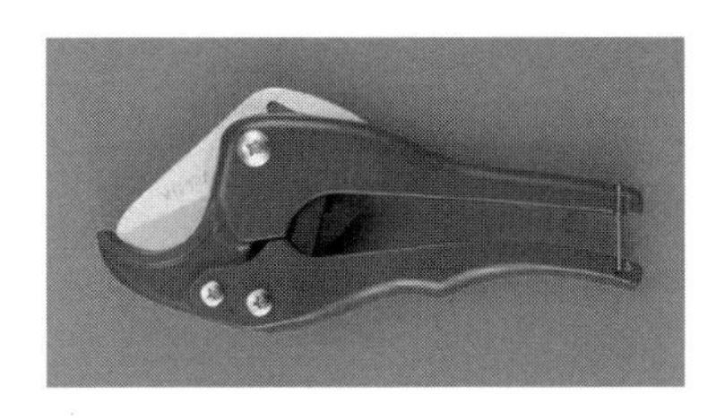

イ. 金属管の切断に使用する。
ロ. ライティングダクトの切断に使用する。
ハ. 硬質ポリ塩化ビニル電線管の切断に使用する。
ニ. 金属線ぴの切断に使用する。

問 19 600V ビニル絶縁ビニルシースケーブル平形 1.6 mm を使用した低圧屋内配線工事で，絶縁電線相互の終端接続部分の絶縁処理として，**不適切なものは**。

ただし，ビニルテープは JIS に定める厚さ約 0.2 mm の電気絶縁用ポリ塩化ビニル粘着テープとする。

イ. リングスリーブにより接続し，接続部分を自己融着性絶縁テープ（厚さ約 0.5 mm）で半幅以上重ねて 1 回（2 層）巻き，更に保護テープ（厚さ約 0.2 mm）を半幅以上重ねて 1 回（2 層）巻いた。
ロ. リングスリーブにより接続し，接続部分を黒色粘着性ポリエチレン絶縁テープ（厚さ約 0.5 mm）で半幅以上重ねて 2 回（4 層）巻いた。
ハ. リングスリーブにより接続し，接続部分をビニルテープで半幅以上重ねて 1 回（2 層）巻いた。
ニ. 差込形コネクタにより接続し，接続部分をビニルテープで巻かなかった。

問20 使用電圧 100 V の低圧屋内配線工事で，**不適切なものは**。

イ．乾燥した場所にある乾燥したショウウィンドー内で，絶縁性のある造営材に，断面積 0.75 mm^2 のビニル平形コードを 1 m の間隔で，外部から見えやすい箇所にその被覆を損傷しないように適当な留め具により取り付けた。
ロ．展開した場所に施設するケーブル工事で，2 種キャブタイヤケーブルを造営材の側面に沿って取り付け，このケーブルの支持点間の距離を 1.5 m とした。
ハ．合成樹脂管工事で，合成樹脂管（合成樹脂製可とう電線管及び CD 管を除く）を造営材の側面に沿って取り付け，この管の支持点間の距離を 1.5 m とした。
ニ．ライティングダクト工事で，造営材の下面に堅ろうに取り付け，このダクトの支持点間の距離を 2 m とした。

問21 店舗付き住宅の屋内に三相 3 線式 200 V，定格消費電力 2.5 kW のルームエアコンを施設した。このルームエアコンに電気を供給する電路の工事方法として，**適切なものは**。

ただし，配線は接触防護措置を施し，ルームエアコン外箱等の人が触れるおそれがある部分は絶縁性のある材料で堅ろうに作られているものとする。

イ．専用の過電流遮断器を施設し，合成樹脂管工事で配線し，コンセントを使用してルームエアコンと接続した。
ロ．専用の漏電遮断器（過負荷保護付）を施設し，ケーブル工事で配線し，ルームエアコンと直接接続した。
ハ．専用の配線用遮断器を施設し，金属管工事で配線し，コンセントを使用してルームエアコンと接続した。
ニ．専用の開閉器のみを施設し，金属管工事で配線し，ルームエアコンと直接接続した。

解答▶別冊 p.9 ~ 11

問22 特殊場所とその場所に施工する低圧屋内配線工事の組合せで，**不適切なものは**。

イ．プロパンガスを他の小さな容器に小分けする可燃性ガスのある場所
厚鋼電線管で保護した600V ビニル絶縁ビニルシースケーブルを用いたケーブル工事

ロ．小麦粉をふるい分けする可燃性粉じんのある場所
硬質ポリ塩化ビニル電線管 VE28 を使用した合成樹脂管工事

ハ．石油を貯蔵する危険物の存在する場所
金属線ぴ工事

ニ．自動車修理工場の吹き付け塗装作業を行う可燃性ガスのある場所
厚鋼電線管を使用した金属管工事

問23 硬質ポリ塩化ビニル電線管による合成樹脂管工事として，**不適切なものは**。

イ．管の支持点間の距離は 2 m とした。

ロ．管相互及び管とボックスとの接続で，専用の接着剤を使用し，管の差込み深さを管の外径の 0.9 倍とした。

ハ．湿気の多い場所に施設した管とボックスとの接続箇所に，防湿装置を施した。

ニ．三相 200 V 配線で，簡易接触防護措置を施した場所に施設した管と接続する金属製プルボックスに，D 種接地工事を施した。

問 24 アナログ式回路計（電池内蔵）の回路抵抗測定に関する記述として，**誤っているものは**。

イ．測定レンジをOFFにして，指針が電圧表示の零の位置と一致しているか確認する。
ロ．抵抗測定レンジに切り換える。被測定物の概略値が想定される場合は，測定レンジの倍率を適正なものにする。
ハ．赤と黒の測定端子（テストリード）を短絡し，指針が0 Ωになるよう調整する。
ニ．被測定物に，赤と黒の測定端子（テストリード）を接続し，その時の指示値を読む。なお，測定レンジに倍率表示がある場合は，読んだ指示値を倍率で割って測定値とする。

問 25 アナログ形絶縁抵抗計（電池内蔵）を用いた絶縁抵抗測定に関する記述として，**誤っているものは**。

イ．絶縁抵抗測定の前には，絶縁抵抗計の電池が有効であることを確認する。
ロ．絶縁抵抗測定の前には，絶縁抵抗測定のレンジに切り替え，測定モードにし，接地端子（E：アース）と線路端子（L：ライン）を短絡し零点を指示することを確認する。
ハ．電子機器が接続された回路の絶縁測定を行う場合は，機器等を損傷させない適正な定格測定電圧を選定する。
ニ．被測定回路に電源電圧が加わっている状態で測定する。

解答▶別冊 p.11 ～ 12

問 26　工場の 200 V 三相誘導電動機（対地電圧 200 V）への配線の絶縁抵抗値［MΩ］及びこの電動機の鉄台の接地抵抗値［Ω］を測定した。電気設備技術基準等に適合する測定値の組合せとして，**適切なものは**。

ただし，200 V 電路に施設された漏電遮断器の動作時間は 0.1 秒とする。

イ．0.2 MΩ　300 Ω
ロ．0.4 MΩ　600 Ω
ハ．0.1 MΩ　200 Ω
ニ．0.1 MΩ　50 Ω

問 27　クランプ形電流計に関する記述として，**誤っているものは**。

イ．クランプ形電流計を使用すると通電状態のまま電流を測定できる。
ロ．クランプ形電流計は交流専用のみであり，直流を測定できるものはない。
ハ．クランプ部の形状や大きさにより，測定できる電線の太さや最大電流に制限がある。
ニ．クランプ形電流計にはアナログ式とディジタル式がある。

問 28　「電気工事士法」において，一般用電気工作物の工事又は作業で電気工事士でなければ**従事できないものは**。

イ．電圧 600 V 以下で使用する電動機の端子にキャブタイヤケーブルをねじ止めする。
ロ．火災感知器に使用する小型変圧器（二次電圧が 36 V 以下）二次側の配線をする。
ハ．電線を支持する柱を設置する。
ニ．配電盤を造営材に取り付ける。

問29 「電気用品安全法」における電気用品に関する記述として，**誤っているものは**。

イ. 電気用品の製造又は輸入の事業を行う者は，「電気用品安全法」に規定する義務を履行したときに，経済産業省令で定める方式による表示を付すことができる。

ロ. 特定電気用品には (PS/E)（丸形）または（PS）E の表示が付されている。

ハ. 電気用品の販売の事業を行う者は，経済産業大臣の承認を受けた場合等を除き，法令に定める表示のない電気用品を販売してはならない。

ニ. 電気工事士は，「電気用品安全法」に規定する表示の付されていない電気用品を電気工作物の設置又は変更の工事に使用してはならない。

問30 「電気設備に関する技術基準を定める省令」において，次の空欄（A）及び（B）の組合せとして，**正しいものは**。

電圧の種別が低圧となるのは，電圧が直流にあっては［（A）］，交流にあっては［（B）］のものである。

イ. （A）600 V 以下
（B）650 V 以下

ロ. （A）650 V 以下
（B）750 V 以下

ハ. （A）750 V 以下
（B）600 V 以下

ニ. （A）750 V 以下
（B）650 V 以下

解答▶別冊 p.13 ～ 14

問題2　配線図

問題数　20問
配点　1問当たり2点

図（226ページ参照）は，鉄骨軽量コンクリート造店舗平屋建の配線図である。この図に関する次の各問いには4通りの答え（**イ**，**ロ**，**ハ**，**ニ**）が書いてある。それぞれの問いに対して，答えを1つ選びなさい。

【注意】1. 屋内配線の工事は，特記のある場合を除き600Vビニル絶縁ビニルシースケーブル平形（VVF）を用いたケーブル工事である。

2. 屋内配線等の電線の本数，電線の太さ，その他，問いに直接関係のない部分等は省略又は簡略化してある。

3. 漏電遮断器は，定格感度電流30 mA，動作時間0.1秒以内のものを使用している。

4. 選択肢（答え）の写真にあるコンセント及び点滅器は，「JIS C 0303：2000 構内電気設備の配線用図記号」で示す「一般形」である。

5. ジョイントボックスを経由する電線は，すべて接続箇所を設けている。

6. 3路スイッチの記号「0」の端子には，電源側又は負荷側の電線を結線する。

問 31　①で示す図記号の名称は。

イ．ジョイントボックス　　**ロ**．VVF用ジョイントボックス
ハ．プルボックス　　**ニ**．ジャンクションボックス

問 32　②で示す部分はルームエアコンの屋内ユニットである。その図記号の傍記表示として，**正しいものは**。

イ．B　　**ロ**．O　　**ハ**．I　　**ニ**．R

問33 ③で示す部分の最少電線本数（心線数）は。

イ．2　ロ．3　ハ．4　ニ．5

問34 ④で示す低圧ケーブルの名称は。

イ．引込用ビニル絶縁電線
ロ．600V ビニル絶縁ビニルシースケーブル平形
ハ．600V ビニル絶縁ビニルシースケーブル丸形
ニ．600V 架橋ポリエチレン絶縁ビニルシースケーブル（単心3本のより線）

問35 ⑤で示す部分の電路と大地間の絶縁抵抗として，許容される最小値［MΩ］は。

イ．0.1　ロ．0.2　ハ．0.4　ニ．1.0

問36 ⑥で示す部分の接地工事の種類及びその接地抵抗の許容される最大値［Ω］の組合せとして，**正しいものは**。

イ．C 種接地工事　10 Ω
ロ．C 種接地工事　50 Ω
ハ．D 種接地工事　100 Ω
ニ．D 種接地工事　500 Ω

問37 ⑦で示す図記号の名称は。

イ．配線用遮断器　ロ．カットアウトスイッチ
ハ．モータブレーカ　ニ．漏電遮断器（過負荷保護付）

解答▶別冊 p.15 ~ 18

問 38 ⑧で示す図記号の名称は。

イ. 火災表示灯　　ロ. 漏電警報器
ハ. リモコンセレクタスイッチ　　ニ. 表示スイッチ

問 39 ⑨で示す図記号の器具の取り付け場所は。

イ. 二重床面　　ロ. 壁面
ハ. 床面　　ニ. 天井面

問 40 ⑩で示す配線工事で耐衝撃性硬質ポリ塩化ビニル電線管を使用した。その傍記表示は。

イ. FEP　　ロ. HIVE　　ハ. VE　　ニ. CD

問 41 ⑪で示すボックス内の接続をすべて圧着接続した場合のリングスリーブの種類，個数及び圧着接続後の刻印との組合せで，**正しいものは**。

ただし，使用する電線はすべてVVF1.6とする。また，写真に示す**リングスリーブ中央**の ○ ，**小**，**中**は刻印を表す。

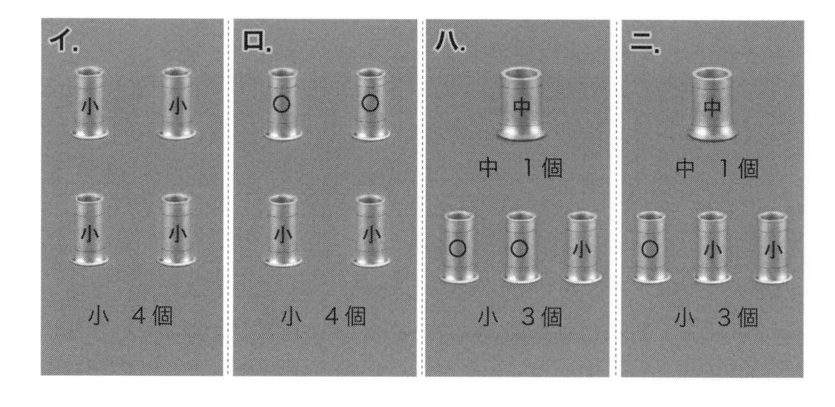

問 42 ⑫で示す部分でDV線を引き留める場合に**使用するものは**。

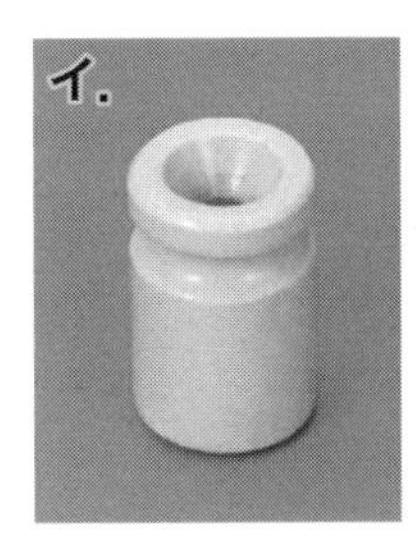

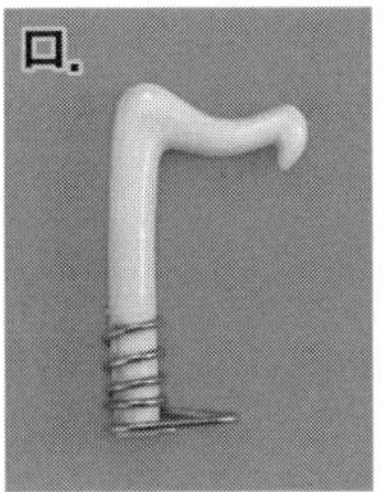

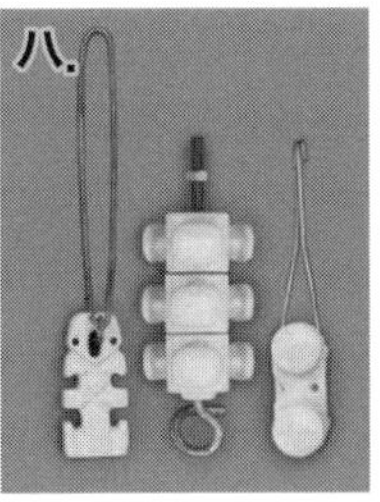

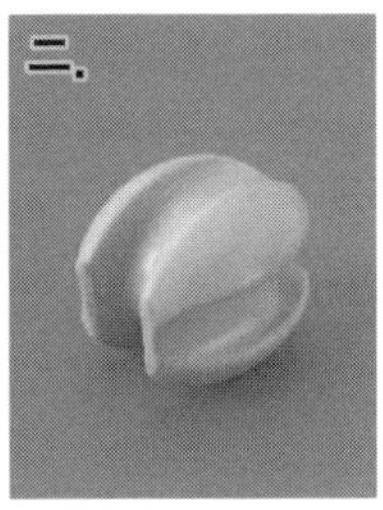

問 43 ⑬で示すボックス内の接続をすべて圧着接続とする場合，使用するリングスリーブの種類と最少個数の組合せで，**正しいものは**。

ただし，使用する電線はすべてVVF1.6とする。

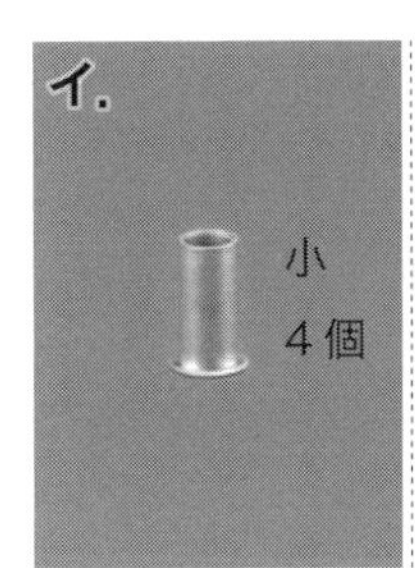

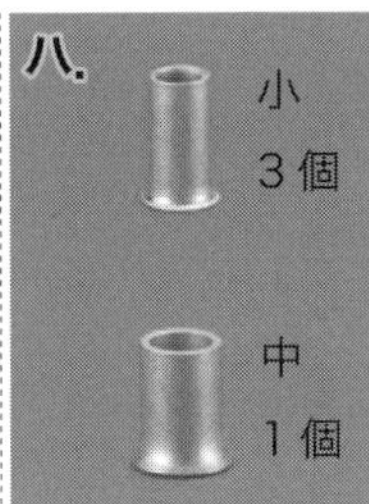

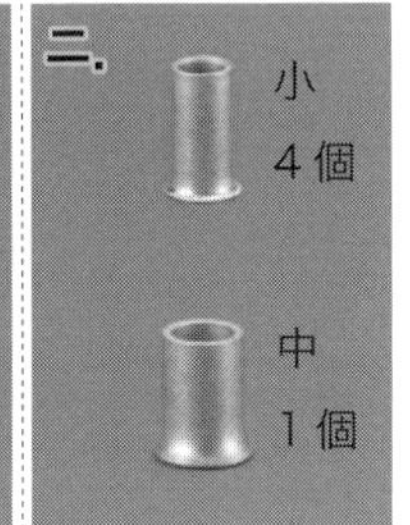

問 44 ⑭で示す図記号の部分に**使用される機器は**。

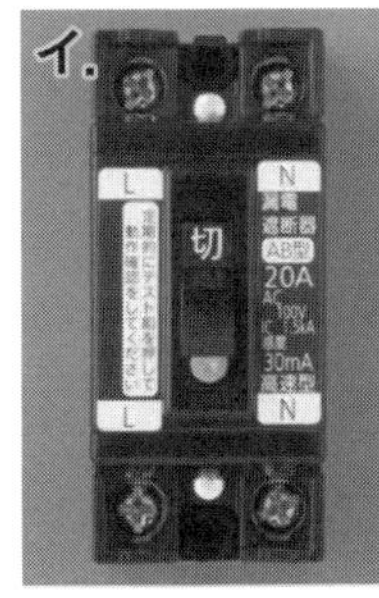

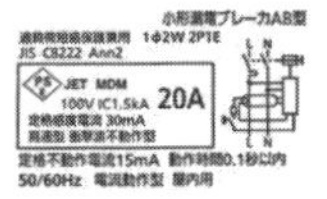

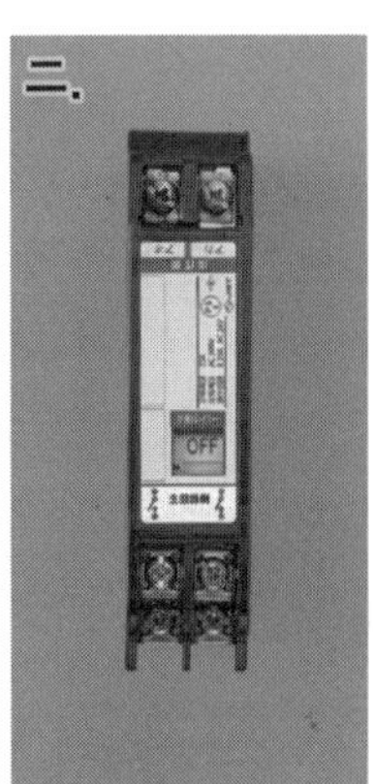

解答▶別冊 p.18～22

問 45　⑮で示す屋外部分の接地工事を施すとき，一般的に**使用されることのないものは**。

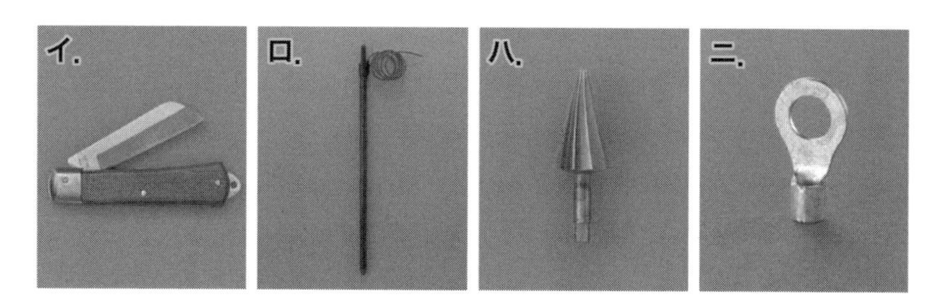

問 46　⑯で示す部分の配線工事に必要なケーブルは。
ただし，心線数は最少とする。

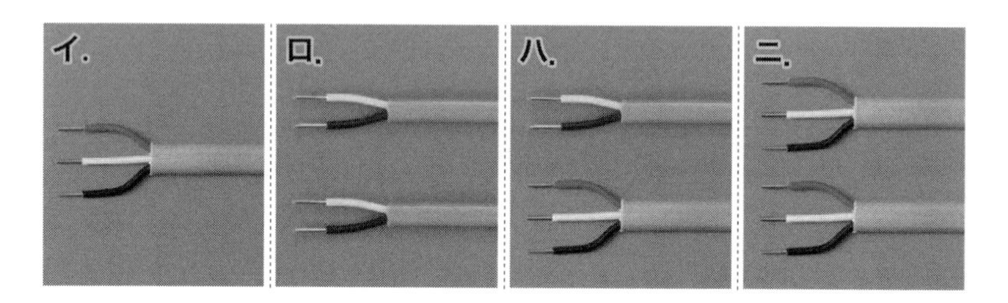

問 47　⑰で示すボックス内の接続をすべて差込形コネクタとする場合，使用する差込形コネクタの種類と最少個数の組合せで，**正しいものは**。
ただし，使用する電線はすべて VVF1.6 とする。

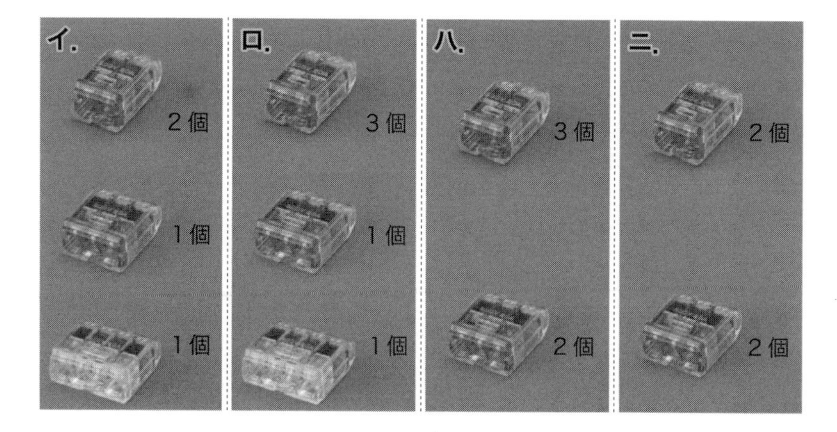

問 48 ⑱で示す図記号のものは。

問 49 この配線図の施工で，**使用されていないものは**。
ただし，写真下の図は，接点の構成を示す。

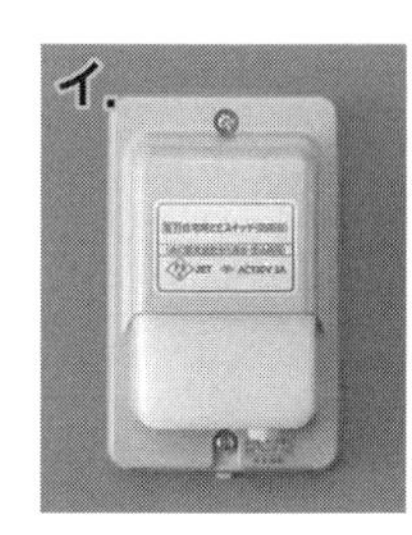

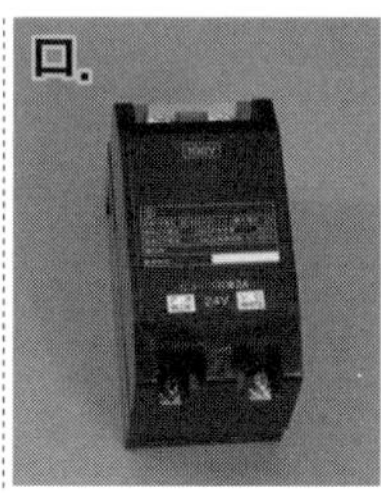

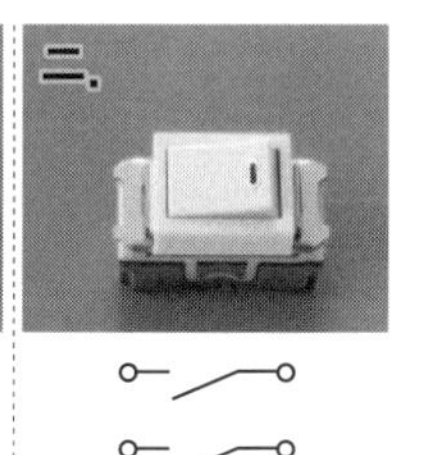

問 50 この配線図で，**使用されている**コンセントは。

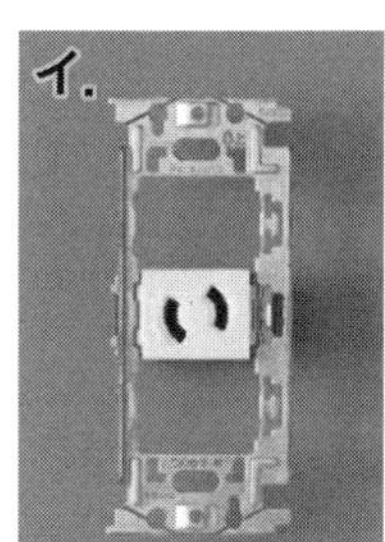

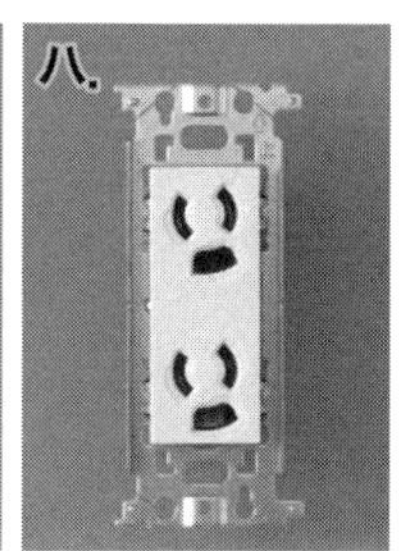

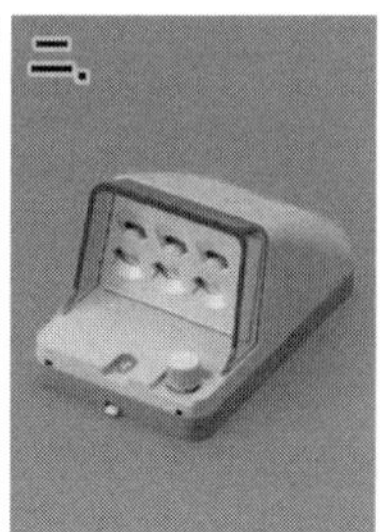

解答▶別冊 p.22 ~ 24

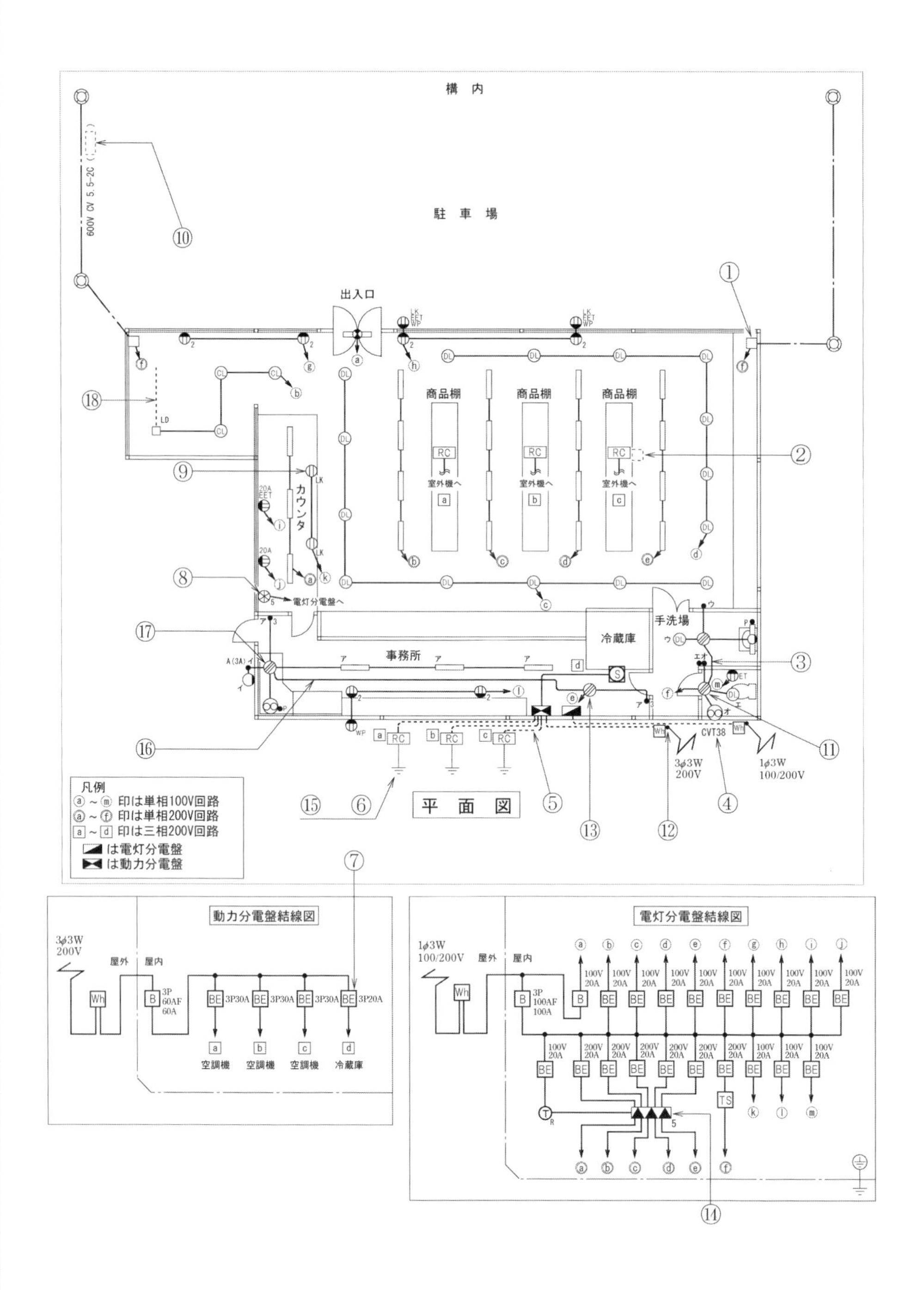

構内
駐車場
出入口
商品棚
室外機へ
カウンタ
電灯分電盤へ
冷蔵庫
手洗場
事務所
3φ3W
200V
1φ3W
100/200V
CVT38
平面図
600V CV 5.5-2C
凡例
ⓐ～ⓜ 印は単相100V回路
ⓐ～ⓕ 印は単相200V回路
a～d 印は三相200V回路
は電灯分電盤
は動力分電盤
動力分電盤結線図
屋外
屋内
3P
60AF
60A
3P30A
3P20A
空調機
冷蔵庫
電灯分電盤結線図
3P
100AF
100A
100V
20A
200V
20A

第二種電気工事士

令和５年度（上期）【午後】 学科試験問題

試験時間　2時間

合格基準点　60点以上

試験問題に使用する図記号等と国際規格の本試験での取り扱いについて

1. 試験問題に使用する図記号等

試験問題に使用される図記号は，原則として「JIS C 0617-1 ～ 13 電気用図記号」及び「JIS C 0303：2000 構内電気設備の配線用図記号」を使用することとします。

2.「電気設備の技術基準の解釈」の適用について

「電気設備の技術基準の解釈について」の第218条，第219条の「国際規格の取り入れ」の条項は本試験には適用しません。

◆上期学科試験結果データ◆

受験者数※	70,414人
合格者数	42,187人
合格率	59.9%

※受験者数内訳は，CBT方式 8,221人，筆記方式 62,193人（【午前】【午後】の合計）

答案用紙 ➡ p.247

解答一覧 ➡ 別冊 p.48

解答・解説 ➡ 別冊 p.25

問題 1 一般問題

問題数　30 問
配点　1 問当たり 2 点

【注】本問題の計算で$\sqrt{2}$，$\sqrt{3}$及び円周率πを使用する場合の数値は次によること。　$\sqrt{2} = 1.41$，$\sqrt{3} = 1.73$，$\pi = 3.14$

次の各問いには 4 通りの答え（**イ**，**ロ**，**ハ**，**ニ**）が書いてある。それぞれの問いに対して答えを 1 つ選びなさい。
なお，選択肢が数値の場合は最も近い値を選びなさい。

問 1　図のような回路で，端子 a － b 間の合成抵抗［Ω］は。

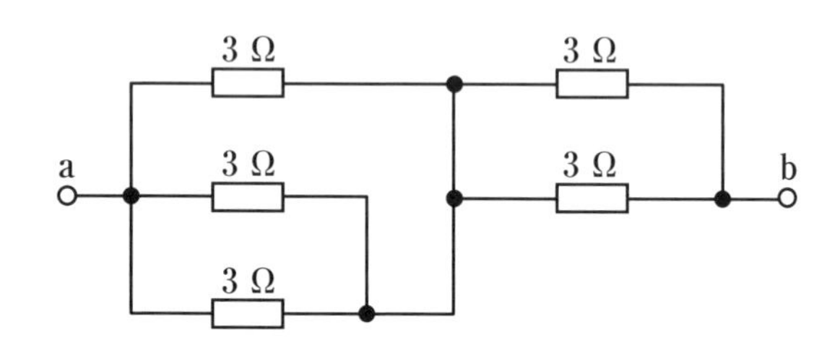

イ．1.1　　**ロ**．2.5　　**ハ**．6　　**ニ**．15

問 2　A，B 2 本の同材質の銅線がある。A は直径 1.6 mm，長さ 100 m，B は直径 3.2 mm，長さ 50 m である。A の抵抗は B の抵抗の何倍か。

イ．1　　**ロ**．2　　**ハ**．4　　**ニ**．8

問 3　抵抗に 15 A の電流を 1 時間 30 分流したとき，電力量が 4.5 kW・h であった。抵抗に加えた電圧［V］は。

イ．24　　**ロ**．100　　**ハ**．200　　**ニ**．400

問 4　単相交流回路で 200 V の電圧を力率 90 % の負荷に加えたとき，15 A の電流が流れた。負荷の消費電力［kW］は。

イ．2.4　　ロ．2.7　　ハ．3.0　　ニ．3.3

問 5　図のような三相 3 線式回路に流れる電流 I［A］は。

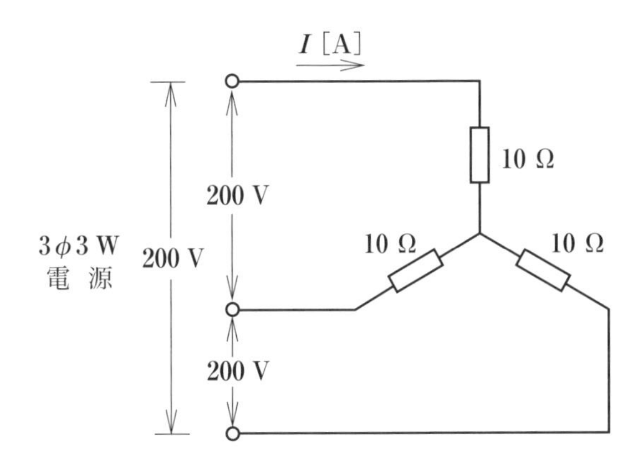

イ．8.3　　ロ．11.6　　ハ．14.3　　ニ．20.0

問 6　図のような単相 2 線式回路において，d − d′ 間の電圧が 100 V のとき a − a′ 間の電圧［V］は。

ただし，r_1，r_2 及び r_3 は電線の電気抵抗［Ω］とする。

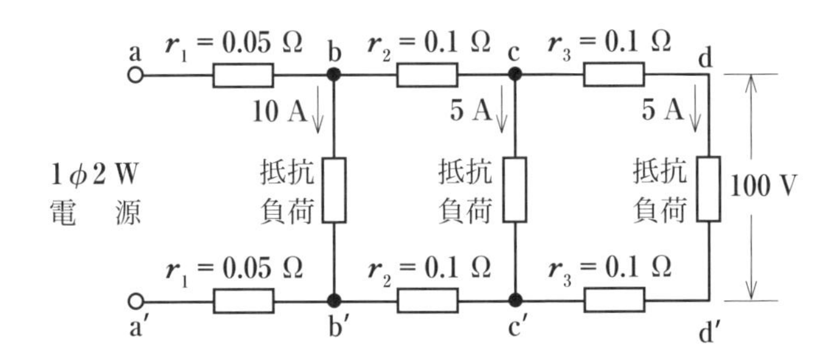

イ．102　　ロ．103　　ハ．104　　ニ．105

解答▶別冊 p.25 ～ 28

問 7　図のような単相3線式回路で，電線1線当たりの抵抗が r［Ω］，負荷電流が I［A］，中性線に流れる電流が0 Aのとき，電圧降下（$V_s - V_r$）［V］を示す式は。

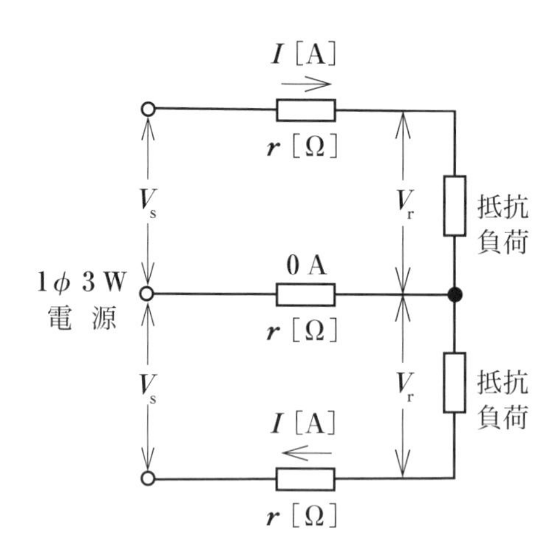

イ．$2rI$
ロ．$3rI$
ハ．rI
ニ．$\sqrt{3}rI$

問 8　低圧屋内配線工事に使用する600 Vビニル絶縁ビニルシースケーブル丸形（軟銅線），導体の直径2.0 mm，3心の許容電流［A］は。

ただし，周囲温度は30 ℃以下，電流減少係数は0.70とする。

イ．19　　ロ．24　　ハ．33　　ニ．35

問 9　図のように定格電流40 Aの過電流遮断器で保護された低圧屋内幹線から分岐して，10 mの位置に過電流遮断器を施設するとき，a－b間の電線の許容電流の最小値［A］は。

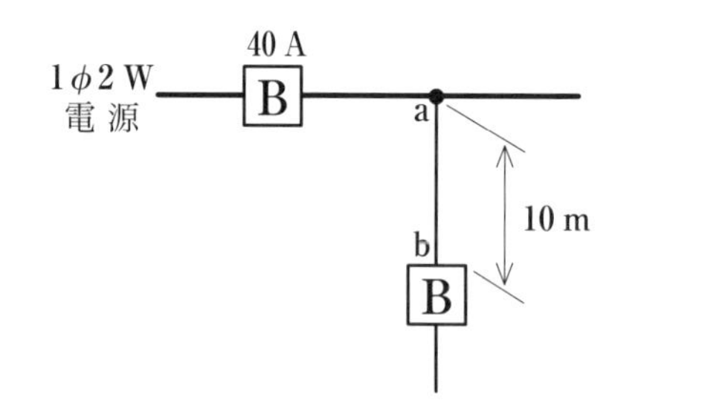

イ．10
ロ．14
ハ．18
ニ．22

問 10 低圧屋内配線の分岐回路の設計で，配線用遮断器，分岐回路の電線の太さ及びコンセントの組合せとして，**適切なものは**。

ただし，分岐点から配線用遮断器までは 3 m，配線用遮断器からコンセントまでは 8 m とし，電線の数値は分岐回路の電線（軟銅線）の太さを示す。

また，コンセントは兼用コンセントではないものとする。

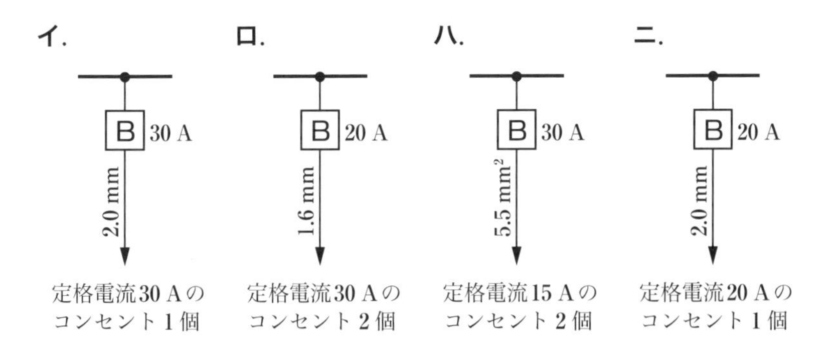

問 11 アウトレットボックス（金属製）の使用方法として，**不適切なものは**。

イ．金属管工事で電線の引き入れを容易にするのに用いる。
ロ．金属管工事で電線相互を接続する部分に用いる。
ハ．配線用遮断器を集合して設置するのに用いる。
ニ．照明器具などを取り付ける部分で電線を引き出す場合に用いる。

問 12 使用電圧が 300 V 以下の屋内に施設する器具であって，付属する移動電線にビニルコードが**使用できるものは**。

イ．電気扇風機
ロ．電気こたつ
ハ．電気こんろ
ニ．電気トースター

解答▶別冊 p.29 ～ 30

問 13 電気工事の作業と使用する工具の組合せとして，**誤っているものは**。

イ．金属製キャビネットに穴をあける作業とノックアウトパンチャ
ロ．木造天井板に電線管を通す穴をあける作業と羽根ぎり
ハ．電線，メッセンジャワイヤ等のたるみを取る作業と張線器
ニ．薄鋼電線管を切断する作業とプリカナイフ

問 14 一般用低圧三相かご形誘導電動機に関する記述で，**誤っているものは**。

イ．負荷が増加すると回転速度はやや低下する。
ロ．全電圧始動（じか入れ）での始動電流は全負荷電流の 2 倍程度である。
ハ．電源の周波数が60 Hzから50 Hzに変わると回転速度が低下する。
ニ．3 本の結線のうちいずれか 2 本を入れ替えると逆回転する。

問 15 直管 LED ランプに関する記述として，**誤っているものは**。

イ．すべての蛍光灯照明器具にそのまま使用できる。
ロ．同じ明るさの蛍光灯と比較して消費電力が小さい。
ハ．制御装置が内蔵されているものと内蔵されていないものとがある。
ニ．蛍光灯に比べて寿命が長い。

問 16 写真に示す材料の用途は。

イ. 合成樹脂製可とう電線管相互を接続するのに用いる。
ロ. 合成樹脂製可とう電線管と硬質ポリ塩化ビニル電線管とを接続するのに用いる。
ハ. 硬質ポリ塩化ビニル電線管相互を接続するのに用いる。
ニ. 鋼製電線管と合成樹脂製可とう電線管とを接続するのに用いる。

問 17 写真に示す器具の名称は。

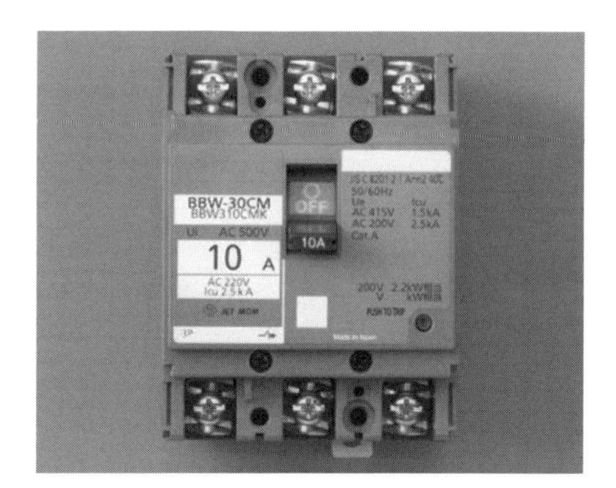

イ. 漏電警報器
ロ. 電磁開閉器
ハ. 配線用遮断器
　（電動機保護兼用）
ニ. 漏電遮断器

問 18 写真に示す工具の用途は。

イ. 金属管切り口の面取りに使用する。
ロ. 鉄板の穴あけに使用する。
ハ. 木柱の穴あけに使用する。
ニ. コンクリート壁の穴あけに使用する。

解答▶別冊 p.30 ~ 33

問 19 低圧屋内配線工事で，600V ビニル絶縁電線（軟銅線）をリングスリーブ用圧着工具とリングスリーブ E 形を用いて終端接続を行った。接続する電線に適合するリングスリーブの種類と圧着マーク（刻印）の組合せで，**不適切なものは**。

イ. 直径 1.6 mm 2 本の接続に，小スリーブを使用して圧着マークを**○**にした。

ロ. 直径 1.6 mm 1 本と直径 2.0 mm 1 本の接続に，小スリーブを使用して圧着マークを**小**にした。

ハ. 直径 1.6 mm 4 本の接続に，中スリーブを使用して圧着マークを**中**にした。

ニ. 直径 1.6 mm 1 本と直径 2.0 mm 2 本の接続に，中スリーブを使用して圧着マークを**中**にした。

問 20 次表は使用電圧 100 V の屋内配線の施設場所による工事の種類を示す表である。表中の a ～ f のうち，**「施設できない工事」を全て選んだ組合せとして，正しいものは**。

施設場所の区分	工事の種類		
	金属線ぴ工事	金属ダクト工事	ライティングダクト工事
展開した場所で湿気の多い場所	a	b	c
点検できる隠ぺい場所で乾燥した場所	d	e	f

イ. a，b，c

ロ. a，c

ハ. b，e

ニ. d，e，f

問 21 単相 3 線式 100/200 V 屋内配線の住宅用分電盤の工事を施工した。**不適切なものは**。

イ．ルームエアコン（単相 200 V）の分岐回路に 2 極 2 素子の配線用遮断器を取り付けた。

ロ．電熱器（単相 100 V）の分岐回路に 2 極 2 素子の配線用遮断器を取り付けた。

ハ．主開閉器の中性極に銅バーを取り付けた。

ニ．電灯専用（単相 100 V）の分岐回路に 2 極 1 素子の配線用遮断器を取り付け，素子のある極に中性線を結線した。

問 22 機械器具の金属製外箱に施す D 種接地工事に関する記述で，**不適切なものは**。

イ．一次側 200 V, 二次側 100 V, 3 kV·A の絶縁変圧器（二次側非接地）の二次側電路に電動丸のこぎりを接続し，接地を施さないで使用した。

ロ．三相 200 V 定格出力 0.75 kW 電動機外箱の接地線に直径 1.6 mm の IV 電線（軟銅線）を使用した。

ハ．単相 100 V 移動式の電気ドリル（一重絶縁）の接地線として多心コードの断面積 0.75 mm^2 の 1 心を使用した。

ニ．単相 100 V 定格出力 0.4 kW の電動機を水気のある場所に設置し，定格感度電流 15 mA，動作時間 0.1 秒の電流動作型漏電遮断器を取り付けたので，接地工事を省略した。

問 23 図に示す雨線外に施設する金属管工事の末端Ⓐ又はⒷ部分に使用するものとして，**不適切なものは**。

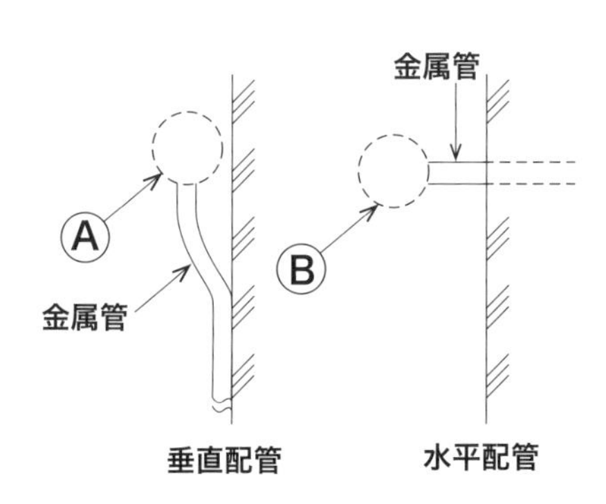

イ．Ⓐ部分にエントランスキャップを使用した。

ロ．Ⓑ部分にターミナルキャップを使用した。

ハ．Ⓑ部分にエントランスキャップを使用した。

ニ．Ⓐ部分にターミナルキャップを使用した。

解答▶別冊 p.33 ~ 35

問24 一般用電気工作物の竣工（新増設）検査に関する記述として，**誤っているものは**。

イ．検査は点検，通電試験（試送電），測定及び試験の順に実施する。

ロ．点検は目視により配線設備や電気機械器具の施工状態が「電気設備に関する技術基準を定める省令」などに適合しているか確認する。

ハ．通電試験（試送電）は，配線や機器について，通電後正常に使用できるかどうか確認する。

ニ．測定及び試験では，絶縁抵抗計，接地抵抗計，回路計などを利用して測定し，「電気設備に関する技術基準を定める省令」などに適合していることを確認する。

問25 図のような単相 3 線式回路で，開閉器を閉じて機器 A の両端の電圧を測定したところ 150 V を示した。この原因として，**考えられるものは**。

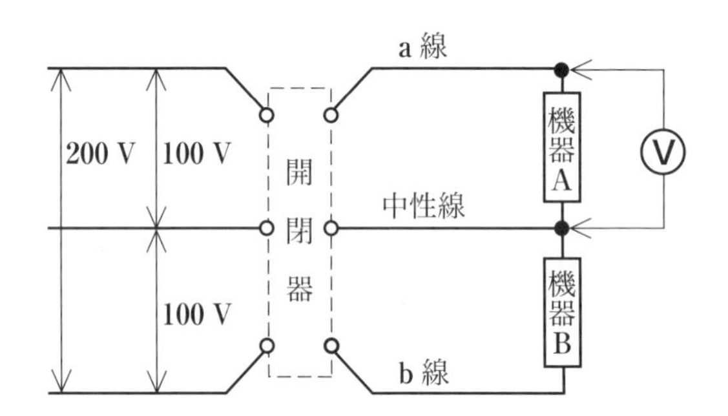

イ．機器 A の内部で断線している。

ロ．a 線が断線している。

ハ．b 線が断線している。

ニ．中性線が断線している。

問 26 接地抵抗計（電池式）に関する記述として，**誤っているものは**。

イ．接地抵抗計には，ディジタル形と指針形（アナログ形）がある。
ロ．接地抵抗計の出力端子における電圧は，直流電圧である。
ハ．接地抵抗測定の前には，接地抵抗計の電池が有効であることを確認する。
ニ．接地抵抗測定の前には，地電圧が許容値以下であることを確認する。

問 27 漏れ電流計（クランプ形）に関する記述として，**誤っているものは**。

イ．漏れ電流計（クランプ形）の方が一般的な負荷電流測定用のクランプ形電流計より感度が低い。
ロ．接地線を開放することなく，漏れ電流が測定できる。
ハ．漏れ電流専用のものとレンジ切換えで負荷電流も測定できるものもある。
ニ．漏れ電流計には増幅回路が内蔵され，［mA］単位で測定できる。

問 28 次の記述は，電気工作物の保安に関する法令について記述したものである。**誤っているものは**。

イ．「電気工事士法」は，電気工事の作業に従事する者の資格及び権利を定め，もって電気工事の欠陥による災害の発生の防止に寄与することを目的としている。
ロ．「電気事業法」において，一般用電気工作物の範囲が定義されている。
ハ．「電気用品安全法」では，電気工事士は適切な表示が付されているものでなければ電気用品を電気工作物の設置又は変更の工事に使用してはならないと定めている。
ニ．「電気設備に関する技術基準を定める省令」において，電気設備は感電，火災その他人体に危害を及ぼし，又は物件に損傷を与えるおそれがないよう施設しなければならないと定めている。

解答▶別冊 p.35 ~ 36

問 29 「電気用品安全法」における電気用品に関する記述として，**誤っているものは**。

イ．電気用品の製造又は輸入の事業を行う者は，「電気用品安全法」に規定する義務を履行したときに，経済産業省令で定める方式による表示を付すことができる。
ロ．特定電気用品には(PS/E)または（PS）E の表示が付されている。
ハ．電気用品の販売の事業を行う者は，経済産業大臣の承認を受けた場合等を除き，法令に定める表示のない電気用品を販売してはならない。
ニ．電気工事士は，「電気用品安全法」に規定する表示の付されていない電気用品を電気工作物の設置又は変更の工事に使用してはならない。

問 30 「電気設備に関する技術基準を定める省令」における電圧の低圧区分の組合せで，**正しいものは**。

イ．直流にあっては 600 V 以下，交流にあっては 600 V 以下のもの
ロ．直流にあっては 750 V 以下，交流にあっては 600 V 以下のもの
ハ．直流にあっては 600 V 以下，交流にあっては 750 V 以下のもの
ニ．直流にあっては 750 V 以下，交流にあっては 750 V 以下のもの

問題2 配線図

問題数 20問
配点 1問当たり2点

図（246ページ参照）は，木造3階建住宅の配線図である。この図に関する次の各問いには4通りの答え（イ，ロ，ハ，ニ）が書いてある。それぞれの問いに対して，答えを1つ選びなさい。

【注意】
1. 屋内配線の工事は，特記のある場合を除き600Vビニル絶縁ビニルシースケーブル平形（VVF）を用いたケーブル工事である。
2. 屋内配線等の電線の本数，電線の太さ，その他，問いに直接関係のない部分等は省略又は簡略化してある。
3. 漏電遮断器は，定格感度電流30 mA，動作時間0.1秒以内のものを使用している。
4. 選択肢（答え）の写真にあるコンセント及び点滅器は，「JIS C 0303：2000 構内電気設備の配線用図記号」で示す「一般形」である。
5. 図においては，必要なジョイントボックスがすべて示されているとは限らないが，ジョイントボックスを経由する電線は，すべて接続箇所を設けている。
6. 3路スイッチの記号「0」の端子には，電源側又は負荷側の電線を結線する。

問31 ①で示す図記号の名称は。

イ．プルボックス
ロ．VVF用ジョイントボックス
ハ．ジャンクションボックス
ニ．ジョイントボックス

解答▶別冊 p.37～38

問32 ②で示す図記号の器具の名称は。

イ．一般形点滅器
ロ．一般形調光器
ハ．ワイド形調光器
ニ．ワイドハンドル形点滅器

問33 ③で示す部分の工事の種類として，**正しいものは**。

イ．ケーブル工事（CVT）
ロ．金属線ぴ工事
ハ．金属ダクト工事
ニ．金属管工事

問34 ④で示す部分に施設する機器は。

イ．3極2素子配線用遮断器（中性線欠相保護付）
ロ．3極2素子漏電遮断器（過負荷保護付，中性線欠相保護付）
ハ．3極3素子配線用遮断器
ニ．2極2素子漏電遮断器（過負荷保護付）

問35 ⑤で示す部分の電路と大地間の絶縁抵抗として，許容される最小値［MΩ］は。

イ．0.1　　ロ．0.2　　ハ．0.4　　ニ．1.0

問 36　⑥で示す部分に照明器具としてペンダントを取り付けたい。図記号は。

イ．(CL)　ロ．(CH)　ハ．◎　ニ．⊖

問 37　⑦で示す部分の接地工事の種類及びその接地抵抗の許容される最大値［Ω］の組合せとして，**正しいものは**。

イ．A 種接地工事 10 Ω
ロ．A 種接地工事 100 Ω
ハ．D 種接地工事 100 Ω
ニ．D 種接地工事 500 Ω

問 38　⑧で示す部分の最少電線本数（心線数）は。

イ．2　ロ．3　ハ．4　ニ．5

問 39　⑨で示す部分の小勢力回路で使用できる電圧の最大値［V］は。

イ．24　ロ．30　ハ．40　ニ．60

問 40　⑩で示す部分の配線工事で用いる管の種類は。

イ．波付硬質合成樹脂管
ロ．硬質ポリ塩化ビニル電線管
ハ．耐衝撃性硬質ポリ塩化ビニル電線管
ニ．耐衝撃性硬質ポリ塩化ビニル管

解答▶別冊 p.38 ～ 41

問41　⑪で示す部分の配線を器具の裏面から見たものである。**正しいものは**。
ただし，電線の色別は，白色は電源からの接地側電線，黒色は電源からの非接地側電線とする。

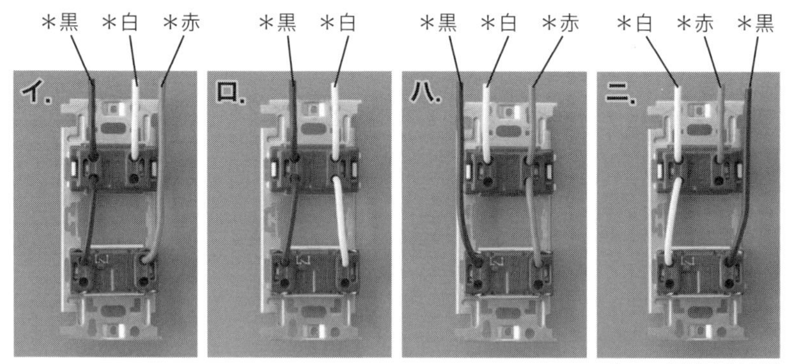

（＊：編著者注記）

問42　⑫で示す部分の配線工事に必要なケーブルは。
ただし，心線数は最少とする。

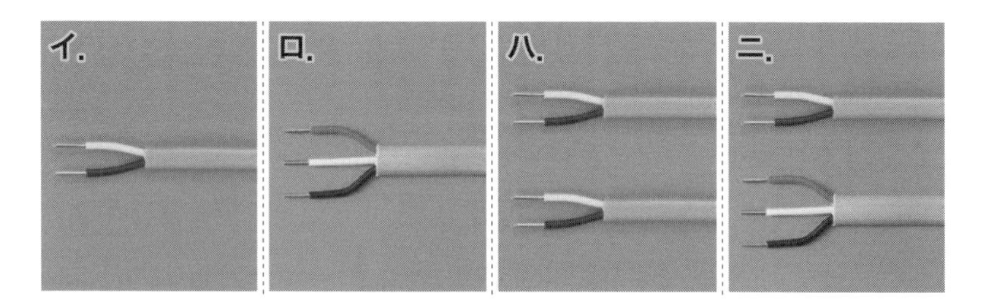

問43　⑬で示す図記号の器具は。

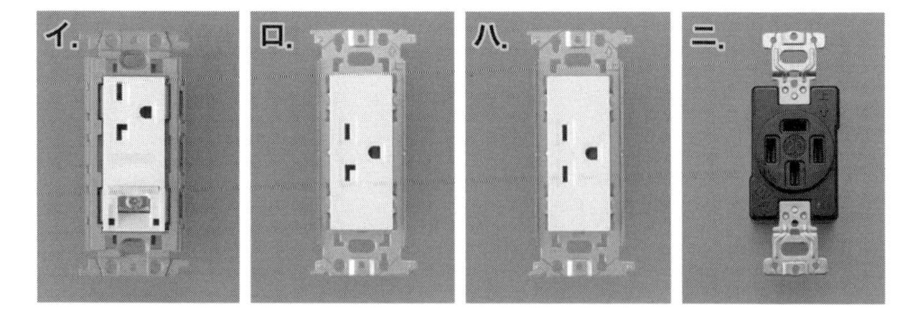

問 44 ⑭で示すボックス内の接続をすべて圧着接続とする場合，使用するリングスリーブの種類と最少個数の組合せで，**正しいものは**。

ただし，使用する電線は特記のないものは VVF1.6 とする。

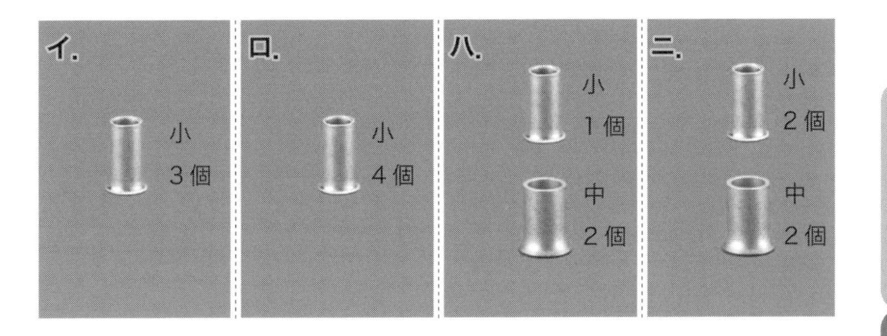

問 45 ⑮で示すボックス内の接続をリングスリーブで圧着接続した場合のリングスリーブの種類，個数及び圧着接続後の刻印との組合せで，**正しいものは**。

ただし，使用する電線はすべて VVF1.6 とする。

また，写真に示す**リングスリーブ中央**の**○**，**小**は刻印を表す。

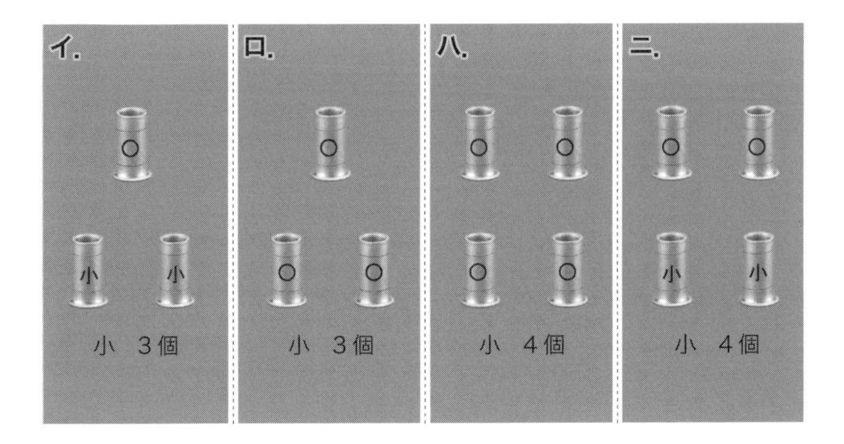

解答▶別冊 p.41 ～ 43

問 46　⑯で示す図記号の機器は。

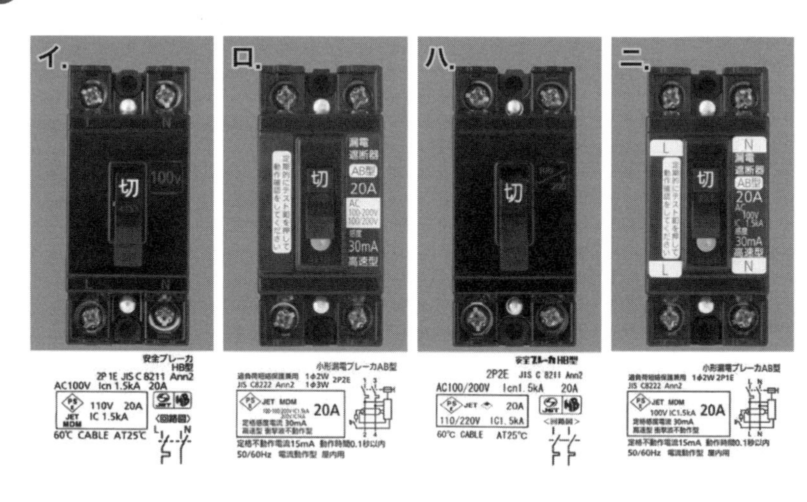

問 47　⑰で示すボックス内の接続をすべて差込形コネクタとする場合，使用する差込形コネクタの種類と最少個数の組合せで，**正しいものは**。

ただし，使用する電線はすべて VVF1.6 とする。

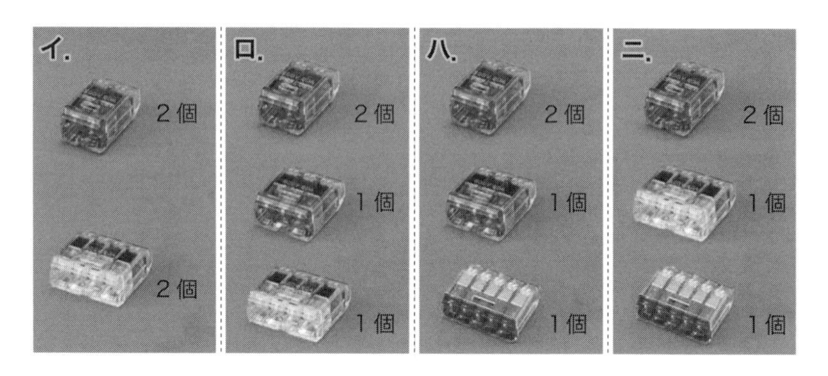

問 48 この配線図の図記号から，この工事で**使用されていない**スイッチは。

ただし，写真下の図は，接点の構成を示す。

イ.

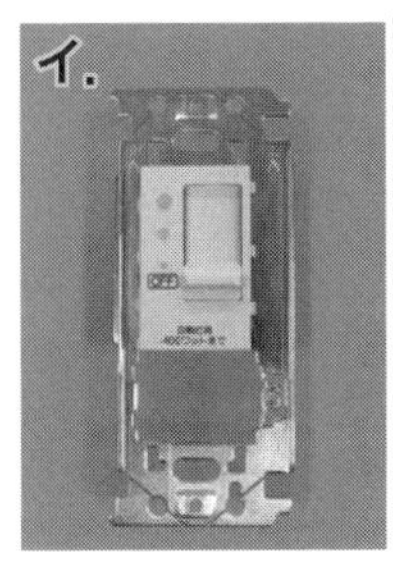

ロ.

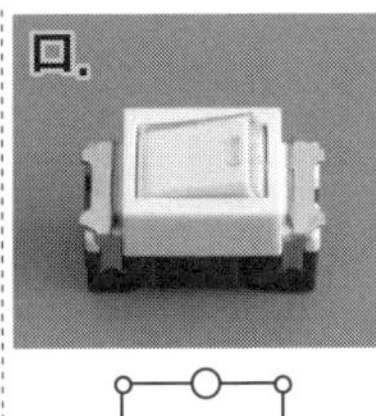

ハ.

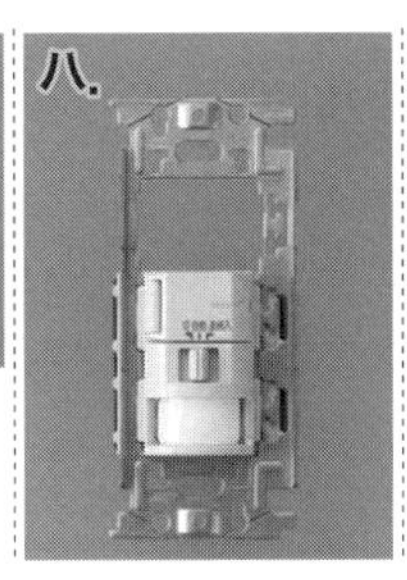

ニ.

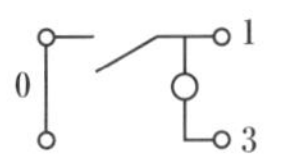

問 49 この配線図の施工で，**使用されていないものは**。

イ.

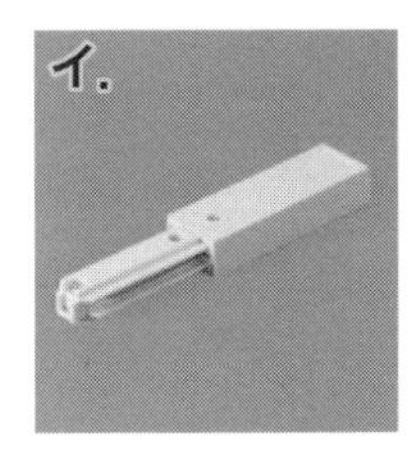

ロ.

ハ.

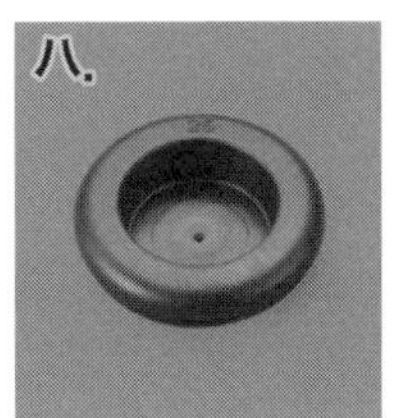

ニ.

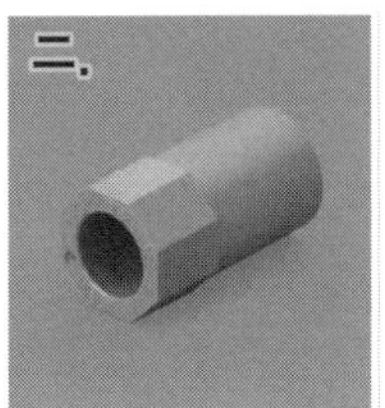

問 50 この配線図の施工に関して，一般的に**使用されることのない工具は**。

イ.

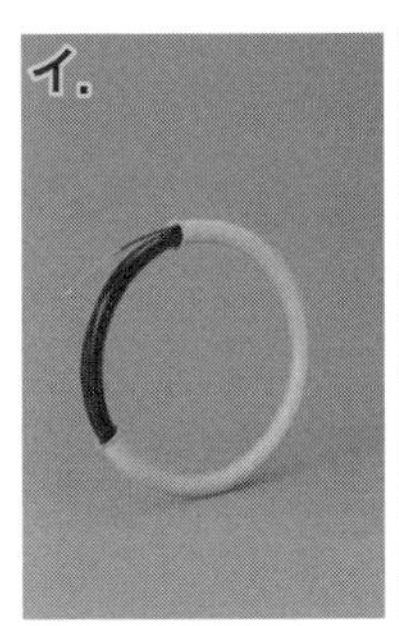

ロ.

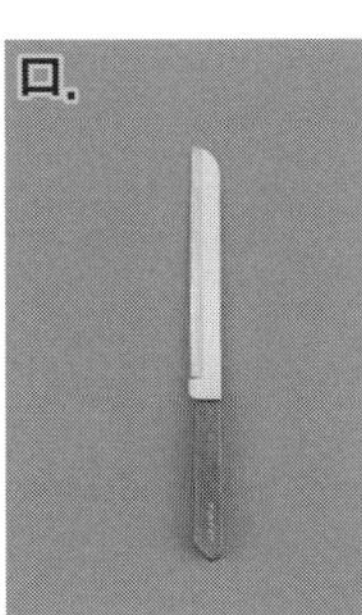

ハ.

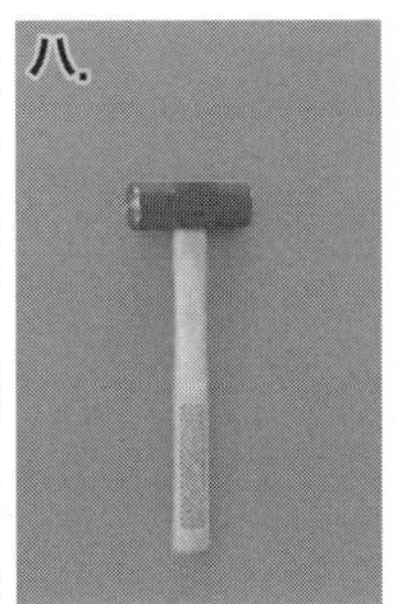

ニ.

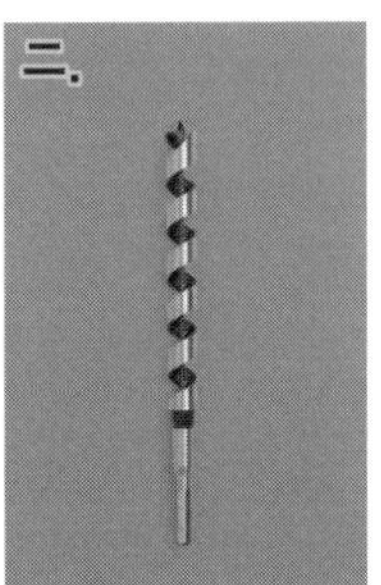

解答▶別冊 p.43 ~ 45

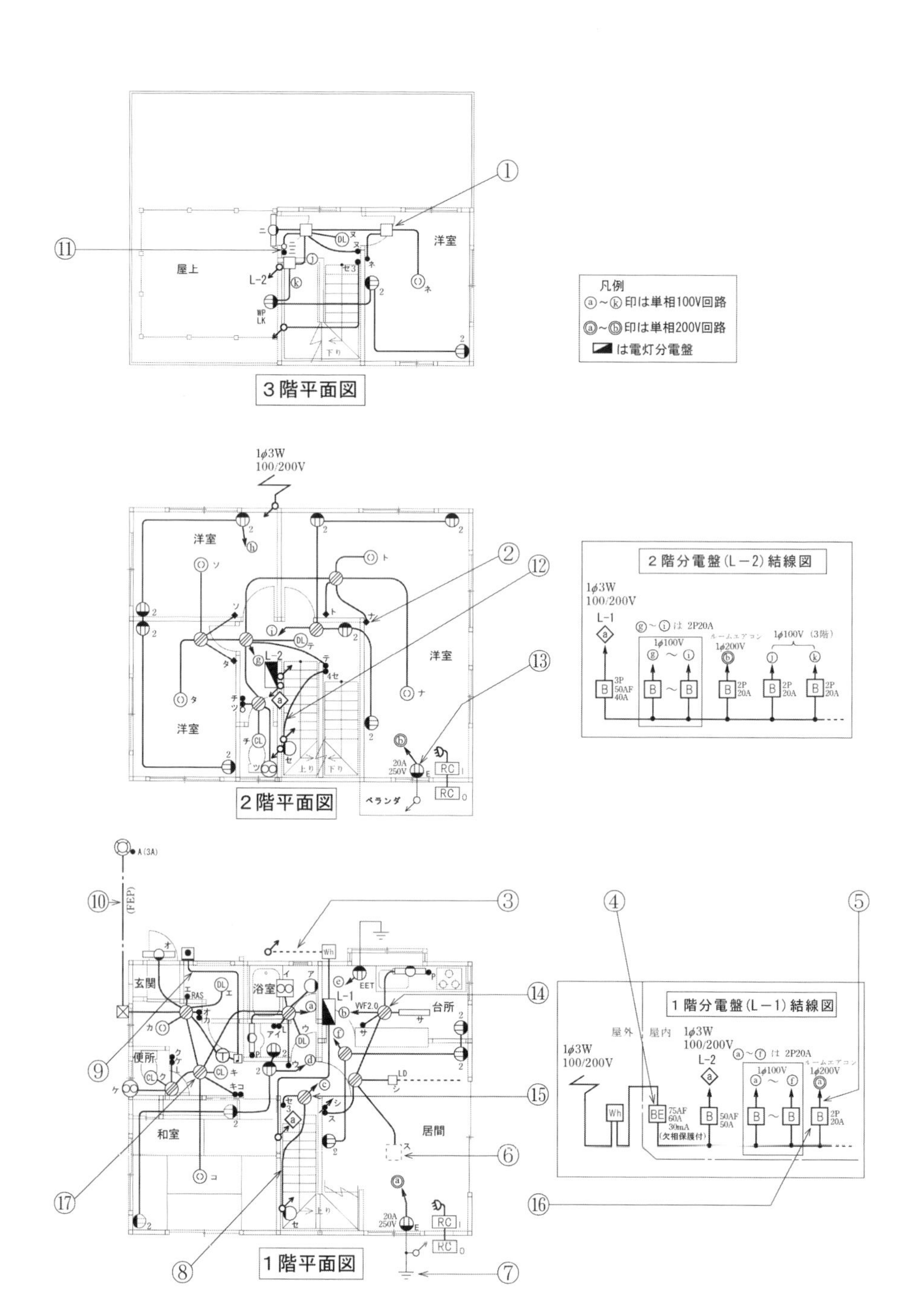

3階平面図
屋上
洋室
L-2
凡例
ⓐ～ⓚ印は単相100V回路
Ⓐ～Ⓑ印は単相200V回路
は電灯分電盤
1φ3W
100/200V
2階平面図
洋室
ベランダ
2階分電盤(L－2)結線図
L-1
ⓖ～ⓘは 2P20A
1φ100V
ルームエアコン
1φ200V
1φ100V (3階)
3P
50AF
40A
2P
20A
1階平面図
玄関
浴室
台所
便所
和室
居間
L-1
VVF2.0
20A
250V
1階分電盤(L－1)結線図
屋外
屋内
ⓐ～ⓕは 2P20A
75AF
60A
30mA
(欠相保護付)
50AF
50A

答案用紙
(共通)

一般問題	/60点	合　計
配線図	/40点	/100点

氏　　名	生　年　月　日	試　験　地
	昭和 平成　年　月　日	

1 一般問題					
問	答	問	答	問	答
1	イ ロ ハ ニ	11	イ ロ ハ ニ	21	イ ロ ハ ニ
2	イ ロ ハ ニ	12	イ ロ ハ ニ	22	イ ロ ハ ニ
3	イ ロ ハ ニ	13	イ ロ ハ ニ	23	イ ロ ハ ニ
4	イ ロ ハ ニ	14	イ ロ ハ ニ	24	イ ロ ハ ニ
5	イ ロ ハ ニ	15	イ ロ ハ ニ	25	イ ロ ハ ニ
6	イ ロ ハ ニ	16	イ ロ ハ ニ	26	イ ロ ハ ニ
7	イ ロ ハ ニ	17	イ ロ ハ ニ	27	イ ロ ハ ニ
8	イ ロ ハ ニ	18	イ ロ ハ ニ	28	イ ロ ハ ニ
9	イ ロ ハ ニ	19	イ ロ ハ ニ	29	イ ロ ハ ニ
10	イ ロ ハ ニ	20	イ ロ ハ ニ	30	イ ロ ハ ニ

2 配線図			
問	答	問	答
31	イ ロ ハ ニ	41	イ ロ ハ ニ
32	イ ロ ハ ニ	42	イ ロ ハ ニ
33	イ ロ ハ ニ	43	イ ロ ハ ニ
34	イ ロ ハ ニ	44	イ ロ ハ ニ
35	イ ロ ハ ニ	45	イ ロ ハ ニ
36	イ ロ ハ ニ	46	イ ロ ハ ニ
37	イ ロ ハ ニ	47	イ ロ ハ ニ
38	イ ロ ハ ニ	48	イ ロ ハ ニ
39	イ ロ ハ ニ	49	イ ロ ハ ニ
40	イ ロ ハ ニ	50	イ ロ ハ ニ

このページをコピーしてお使いください。

本書の正誤情報等は、下記のアドレスでご確認ください。
http://www.s-henshu.info/2dkkm2312/

上記掲載以外の箇所で正誤についてお気づきの場合は、**書名・発行日・質問事項（該当ページ・行数・問題番号**などと**誤りだと思う理由**）・**氏名・連絡先**を明記のうえ、お問い合わせください。

・web からのお問い合わせ：上記アドレス内【正誤情報】へ
・郵便または FAX でのお問い合わせ：下記住所または FAX 番号へ

※電話でのお問い合わせはお受けできません。

〔宛先〕コンデックス情報研究所「詳解 第二種電気工事士過去問題集 '24 年版」係
住所：〒 359-0042　所沢市並木 3-1-9
FAX 番号：04-2995-4362（10：00 ～ 17：00　土日祝日を除く）

※**本書の正誤以外に関するご質問にはお答えいたしかねます**。また、受験指導などは行っておりません。
※ご質問の受付期限は、2024 年の学科試験日の 10 日前必着といたします。
※回答日時の指定はできません。また、ご質問の内容によっては回答まで 10 日前後お時間をいただく場合があります。
あらかじめご了承ください。

編著：コンデックス情報研究所
1990 年 6 月設立。法律・福祉・技術・教育分野において、書籍の企画・執筆・編集、大学および通信教育機関との共同教材開発を行っている研究者・実務家・編集者のグループ。

詳解 第二種電気工事士 学科試験過去問題集 '24年版

2024年 2 月20日発行

編　著　コンデックス情報研究所

発行者　深見公子

発行所　成美堂出版
〒162-8445　東京都新宿区新小川町1-7
電話(03)5206-8151 FAX(03)5206-8159

印　刷　大盛印刷株式会社

ISBN978-4-415-23797-8
落丁･乱丁などの不良本はお取り替えします
定価はカバーに表示してあります

詳解 '24年版
第二種電気工事士
学科試験過去問題集

別冊

解答・解説編

矢印の方向に引くと
解答・解説が取り外せます。

成美堂出版

詳解 '24年版

第二種電気工事士
学科試験 過去問題集

解答・解説

凡　例

電技 ………… 電気設備に関する技術基準を定める省令
電技解釈 …… 電気設備の技術基準の解釈

令和5年度 下期午後　第二種電気工事士試験　解答 [問1～50]

問題1　一般問題　問1～30

問1 ▶▶正解　ロ

問題の図の 20 Ω と 30 Ω の合成抵抗を求めると，

$$\frac{20 \times 30}{20 + 30} = \frac{600}{50} = 12\ \Omega$$

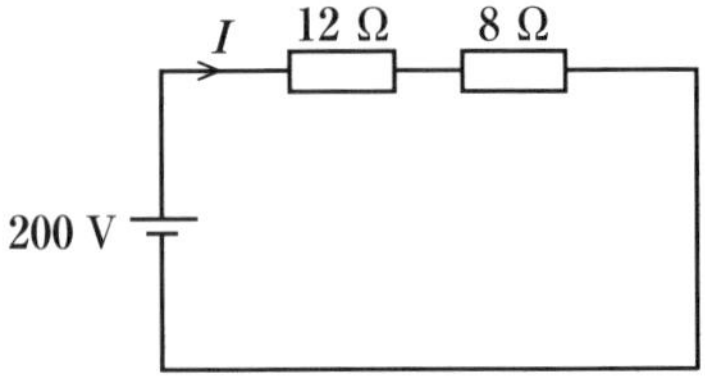

次に，回路全体の抵抗を R とすると，

$$R = 12 + 8 = 20\ \Omega$$

回路電流 I は，

$$I = \frac{200}{20} = 10\ \mathrm{A}$$

よって，8 Ω の抵抗での消費電力 P は，

$$P = I^2 \times 8 = 10 \times 10 \times 8 = 800\ \mathrm{W}$$

したがって，**ロ**である。

問2 ▶▶正解　イ

導体抵抗 $R = \frac{\rho L}{S}$ [Ω] で表される。(単位に注意)

ただし，ρ：抵抗率 [Ω・m]，L：長さ [m]，S：断面積 [m²]

直径 D [mm] を [m] に換算すると，$D \times 10^{-3}$ [m] になり，

断面積は，$\pi \left(\frac{D \times 10^{-3}}{2}\right)^2$ [m²]

よって，$R = \dfrac{\rho \times L}{\pi \dfrac{D^2 \times 10^{-6}}{4}} = \dfrac{4\rho L}{\pi D^2 \times 10^{-6}} = \dfrac{4\rho L}{\pi D^2} \times 10^6$［Ω］

したがって，**イ**である。

問3 ▶▶正解 イ

抵抗Rに電流Iが流れて，t時間に消費する電力量Wは，

$W = I^2Rt$［W・h］

抵抗が0.2 Ωの電線に10 Aの電流が流れたとき，1時間に消費する電力量Wは，

$W = 10 \times 10 \times 0.2 \times 1 = 20$［W・h］$= 0.02$［kW・h］

ここで，1［kW・h］は，3 600［kJ］であるから，発熱量Qは，

$Q = 3\,600 \times 0.02 = 72$［kJ］

したがって，**イ**である。

問4 ▶▶正解 ロ

問題の図の回路に流れる電流Iは，抵抗をR［Ω］，電圧V［V］とすれば，

$$I = \frac{V}{R} = \frac{100}{\sqrt{8^2 + 6^2}} = \frac{100}{10} = 10\ \text{A}$$

よって，回路の消費電力Pは，抵抗r（8 Ω）によって消費するから，

$P = I^2 \times r = 10 \times 10 \times 8 = 800$ W

したがって，**ロ**である。

問 5 ▶▶正解　ハ

問題の図は，三相平衡負荷であるから，一相分の回路は下図のようになる。

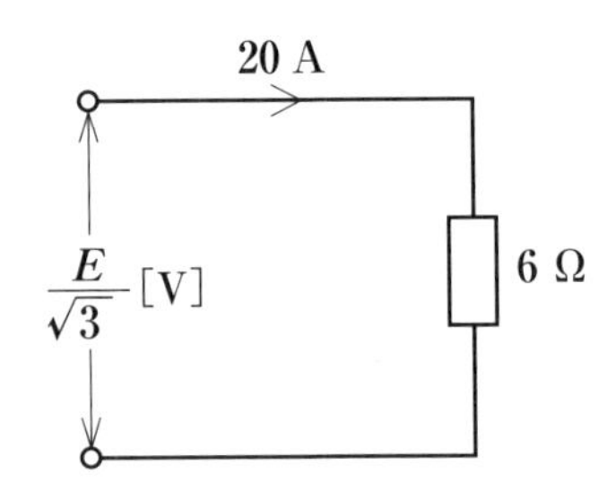

よって，線間電圧 E [V] は，

$$\frac{E}{\sqrt{3}} = 20 \times 6$$

$$E = \sqrt{3} \times 20 \times 6 = \sqrt{3} \times 120 \fallingdotseq 208 \text{ V}$$

したがって，**ハ**である。

問 6 ▶▶正解　ニ

三相 3 線式回路において，電線 1 線当たりの電気抵抗 r [Ω]，線電流 I [A] のとき 1 線当たりの電力損失は I^2r [W] である。

よって，三相 3 線式の電力損失 $w = 3I^2r$ [W] となる。

ここで，電流 I は 10 A，抵抗 r は 0.15 Ω であるから，

$$w = 3 \times 10 \times 10 \times 0.15 = 45 \text{ W}$$

したがって，**ニ**である。

▶▶正解　ハ

問題より，中性線が断線した回路は下図のようになる。

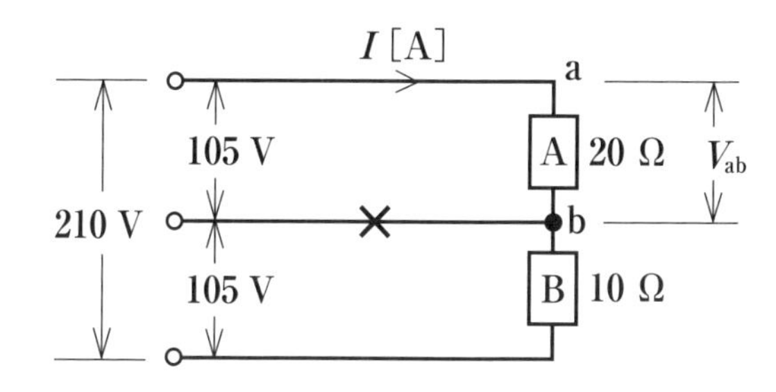

図より，線路電流 I［A］は，

$$I = \frac{210}{20 + 10} = \frac{210}{30} = 7\ \mathrm{A}$$

a − b 間の電圧 V_{ab} は，

$$V_{ab} = 7 \times 20 = 140\ \mathrm{V}$$

したがって，**ハ**である。

問題▶本冊 p.209 ~ 210

問 8 ▶▶正解　ロ

電技解釈**第 146 条**，146 − 2 表により，断面積 3.5 mm^2 のビニル絶縁電線の許容電流は 37 A である。

よって，4 本を金属管に収めた場合の電線 1 本の許容電流は，電流減少係数が 0.63 であるから，

$$37 \times 0.63 \fallingdotseq 23\ \mathrm{A}$$

したがって，**ロ**である。

問 9 ▶▶正解　ニ

電技解釈**第 149 条**により，過電流遮断器を分岐点から 3 m を超える 箇所に施設することができるのは，以下の場合である。

① a − b 間の許容電流が，50 × 0.55 = 27.5 A 以上あれば長さに制限はない。

② a − b 間の許容電流が，50 × 0.35 = 17.5 A 以上であれば長さは 8 m 以内。

よって，問題の許容電流は 42 A なので，①に該当するため，a − b 間の長さの最大値は制限なしとなる。

したがって，**ニ**である。

問 10 ▶▶正解 ロ

電技解釈**第 149 条**，149 − 3 表により，**ロ**が不適切である。

ロの場合，30 A の配線用遮断器に 15 A のコンセントは接続できない。なお，コンセントの個数には関係しない。

イ，ハ，ニは，正しい。

したがって，**ロ**である。

問 11 ▶▶正解 イ

プルボックスは，多数の電線管及び太い電線管が交差・集合している場所で，電線管への電線・ケーブルの通線を容易にしたり，電線ケーブルの接続に用いる。

なお，ロは，分電盤や配電盤等である。

ハは，アウトレットボックスや埋込用スイッチボックス等である。

ニは，フィクスチュアスタッド等である。

したがって，**イ**である。

問 12 ▶▶正解 ロ

ポリエチレンは，完全燃焼すると水と炭酸ガスになり，有害ガスは発生しない。

なお，ハロゲンは，フッ素，塩素，臭素，ヨウ素，アスタチンの 5 元素で，ハロゲン系ガスはそれらがガス化したものである。

したがって，**ロ**である。

問 13 ▶▶正解　イ

ノックアウトパンチャは，金属製のキャビネット等に電線管用の穴をあけるのに用いる。

なお，ロは，油圧式圧着器で，手動式と電動式がある。

　　ハは，振動ドリル等である。

　　ニは，油圧式パイプベンダである。

したがって，**イ**である。

問 14 ▶▶正解　ニ

三相誘導電動機の同期速度 N_s [min^{-1}] は，電動機の極数を p，周波数を f とすると，

$$N_s = \frac{120f}{p} \ [\mathrm{min}^{-1}]$$

よって，回転速度は周波数に比例するため，50 Hz から 60 Hz になると，回転速度は増加する。

したがって，**ニ**である。

問 15 ▶▶正解　ニ

内線規程 1375 － 2 表により，高感度形漏電遮断器の定格感度電流は，5，6，10，15，30 mA の 5 種類である。

なお，1 000 mA 以下は，中感度形漏電遮断器である。

また，イ，ロ，ハは正しい。

したがって，**ニ**である。

問 16 ▶▶正解 イ

写真に示す材料は，TS カップリングで，硬質ポリ塩化ビニル電線管（VE 管）相互の接続に用いる。

したがって，**イ**である。

なお，ハの合成樹脂製可とう電線管（PF 管）相互の接続には，PF 管用カップリングを用いる。

ロとニの相互接続材料には，コンビネーションカップリングを用いる。

問 17 ▶▶正解 ロ

写真に示す器具は，リモコンリレーである。リモコン配線のリレーとして用いられ，リモコンスイッチによって照明器具等の入切を操作する。

したがって，**ロ**である。

問 18 ▶▶正解 ハ

写真に示す工具は，合成樹脂管用カッタ（塩ビカッタ）で，硬質ポリ塩化ビニル電線管（VE 管）の切断に用いる。

したがって，**ハ**である。

問 19 ▶▶正解　ハ

電技解釈**第 12 条**には下記のことが示されている。

イ　接続部分の絶縁電線の絶縁物と同等以上の絶縁効力のある接続器を使用すること（差込コネクタなど）。

ロ　接続部分をその部分の絶縁電線の絶縁物と同等以上の絶縁効力のあるもので十分に被覆すること。

また，内線規程 1335 － 7 の 1335 － 1 表に，絶縁テープによる被覆の方法が示されている。

ビニルテープを用いる場合は，ビニルテープを半幅以上重ねて 2 回以上巻く（4 層以上）。

黒色粘着性ポリエチレン絶縁テープは，半幅以上重ねて 1 回以上巻く（2 層以上）。

自己融着性絶縁テープを使用する場合は，黒色粘着性ポリエチレン絶縁テープを用いる場合と同様にテープを巻き，その上に保護テープを半幅以上重ねて 1 回以上巻くこと。

よって，**ハ**は，ビニルテープを半幅以上重ねて 2 回以上巻いていないので，不適切である。

したがって，**ハ**である。

問 20 ▶▶正解 ロ

使用電圧100 Vの低圧屋内配線工事で，不適切なものは，**ロ**である。

電技解釈**第164条**（ケーブル工事）により，ケーブル支持点間の距離は，キャブタイヤケーブルにおいては，1 m以下である。

なお，イは，電技解釈**第172条**（特殊な配線等の施設）により，正しい。

ハは，電技解釈**第158条**（合成樹脂管工事）により，正しい。

ニは，電技解釈**第165条**（特殊な低圧屋内配線工事）により，正しい。

問 21 ▶▶正解 ロ

適切な工事は，電技解釈第143条により，**ロ**である。

電気機械器具は，屋内配線と直接接続して施設する。

なお，イ，ハは，直接接続していないため，不適切。

ニは，電気機械器具に電気を供給する電路には，専用の開閉器のみでは，不適切。専用の開閉器及び過電流遮断器を施設する。

問 22 ▶▶正解 ハ

電技解釈**第177条**により，危険物等の存在する場所では，合成樹脂管工事，金属管工事，ケーブル工事しかできない。

したがって，**ハ**である。

問 23 ▶▶正解　イ

電技解釈**第 158 条**（合成樹脂管工事）により，硬質ポリ塩化ビニル電線管による合成樹脂管工事では，管の支持点間の距離は **1.5 m** 以下である。

したがって，**イ**である。

問 24 ▶▶正解　ニ

被測定物に，赤と黒の測定端子を接続し，その時の指示値を読む。

なお，レンジに倍率表示がある場合は，読んだ指示値に倍率を乗じて測定値とする。

したがって，**ニ**である。

問 25 ▶▶正解　ニ

絶縁抵抗測定は，被測定回路に電源電圧が加わっていない状態で測定する。

電源電圧が加わった状態で測定すると，測定器を破損することもある。

したがって，**ニ**である。

問 26 ▶▶正解 イ

200 V 三相誘導電動機の絶縁抵抗値は，**電技第 58 条**により，0.2 Ω以上である。

電路の使用電圧の区分		絶縁抵抗値
300V以下	対地電圧 150V 以下の場合	0.1M Ω
	その他の場合	0.2M Ω
300V を超えるもの		0.4M Ω

また，電技解釈**第 29 条**により，D 種接地工事である。

また，電技解釈**第 17 条**により，「接地抵抗値は 100 Ω（低圧電路において，地絡を生じた場合に 0.5 秒以内に当該電路を自動的に遮断する装置を施設するときは，500 Ω）以下であること」と規定されている。

よって，0.1 秒以内で動作する漏電遮断器がついているので，接地抵抗の許容される最大値は 500 Ω である。

したがって，**イ**である。

問 27 ▶▶正解 ロ

クランプ形電流計は，交流及び直流を測定できる。

したがって，**ロ**である。

問 28 ▶▶正解 ニ

電気工事士法施行規則第 2 条により，**ニ**の配電盤を造営材に取り付ける工事は，電気工事士でなければ従事できない。

なお，イ，ロ，ハは，軽微な工事及び軽微な作業であるので，電気工事士でなくても従事できる。

したがって，**ニ**である。

問29 ▶▶正解　ロ

特定電気用品に表示する記号は，◇PSE または〈PS〉E で，特定電気用品以外の電気用品に表示する記号は，(PSE)または（PS）E である。

したがって，**ロ**である。

問30 ▶▶正解　ハ

電技第２条により，電圧の種別が低圧となるのは，電圧が直流にあっては 750 V 以下，交流にあっては 600 V 以下のものである。

なお，高圧となるのは，直流にあっては 750 V を，交流にあっては 600 V を超え，7 000 V 以下のものである。

したがって，**ハ**である。

〈電圧の種別〉

区分	交流	直流
低圧	600 V 以下	750 V 以下
高圧	600 V を超え 7 000 V 以下	750 V を超え 7 000 V 以下
特別高圧	7 000 V を超えるもの	7 000 V を超えるもの

問題2 配線図

問31～50

問31 ▶▶正解 イ

①で示す図記号の名称は，JIS C 0303 により，ジョイントボックスである。

なお，ロのVVF用ジョイントボックスの図記号は，

ハのプルボックスの図記号は，

ニのジャンクションボックスの図記号は，

したがって，**イ**である。

問32 ▶▶正解 ハ

②で示すルームエアコンの屋内ユニットの図記号の傍記は，JIS C 0303 により，I である。

なお，室外ユニットの傍記は，O である。

したがって，**ハ**である。

問33 ▶▶正解　イ

③の部分を複線図にすると下図のようになる。

L　非接地線
N　接地線

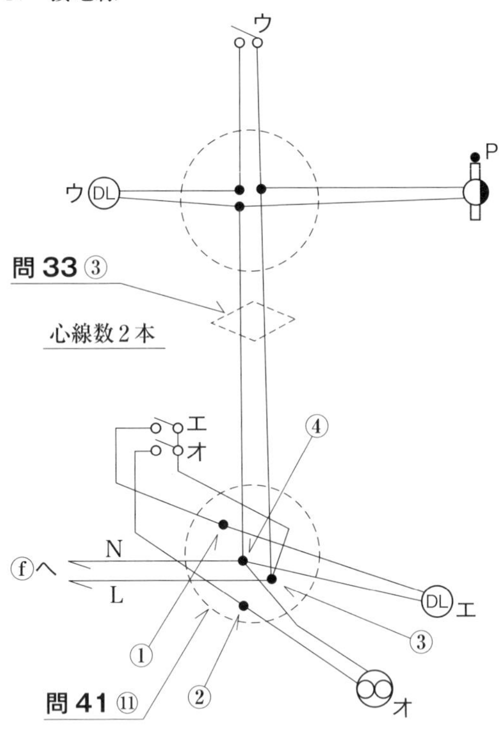

接続点４箇所

① 1.6 × 2 本　リングスリーブ ○ 小
② 1.6 × 2 本　リングスリーブ ○ 小
③ 1.6 × 3 本　リングスリーブ 小
④ 1.6 × 4 本　リングスリーブ 小

したがって，**イ**である。

問34 ▶▶正解 ニ

④で示す低圧ケーブルの名称は，JIS C 0303 により，600V 架橋ポリエチレン絶縁ビニルシースケーブル（単心 3 本のより線）である。

なお，イの引込用ビニル絶縁電線の記号は，DV

ロの 600V ビニル絶縁ビニルシースケーブル平形の記号は，VVF

ハの 600V ビニル絶縁ビニルシースケーブル丸形の記号は，VVR

したがって，**ニ**である。

問35 ▶▶正解 ロ

電技第 58 条により，絶縁抵抗値は下表のようになる。

電路の使用電圧の区分		絶縁抵抗値
300V 以下	対地電圧 150V 以下の場合	0.1MΩ
	その他の場合	0.2MΩ
300V を超えるもの		0.4MΩ

⑤で示される回路は三相 3 線式回路であるので，対地電圧は 200 V となる。

よって，上表より，電路と大地間の絶縁抵抗として許容される最小値は，0.2 MΩ となる。

したがって，**ロ**である。

問 36 ▶▶正解　ニ

⑥で示す部分の接地工事の種類は，電技解釈**第 29 条**により，電圧が 300 V 以下であるから，D 種接地工事である。

また，電技解釈**第 17 条**により，「接地抵抗値は 100 Ω（低圧電路において，地絡を生じた場合に 0.5 秒以内に当該電路を自動的に遮断する装置を施設するときは，500 Ω）以下であること」と規定されている。

よって，題意により，0.1 秒以内で動作する漏電遮断器がついているので，接地抵抗の許容される最大値は 500 Ωである。

したがって，**ニ**である。

問 37 ▶▶正解　ニ

⑦で示す図記号の名称は，JIS C 0303 により，漏電遮断器（過負荷保護付）である。

なお，イの配線用遮断器の図記号は，[B]

ロのカットアウトスイッチの図記号は，[S]

ハのモータブレーカの図記号は，[B]M または [B]

したがって，**ニ**である。

問 38 ▶▶正解　ハ

⑧で示す図記号の名称は，JIS C 0303 により，リモコンセレクタスイッチである。

なお，イの火災表示灯の図記号は，⊗

ロの漏電警報器の図記号は，ⒶG

ニの表示スイッチの図記号は，[●]

したがって，**ハ**である。

問 39 ▶▶正解 ニ

⑨で示す図記号の名称は，JIS C 0303 により，天井面に取り付けるコンセントである。

なお，イの二重床面に取り付けるコンセントの図記号は，

ロの壁面に取り付けるコンセントの図記号は，

ハの床面に取り付けるコンセントの図記号は，

したがって，**ニ**である。

問 40 ▶▶正解 ロ

⑩で使用した耐衝撃性硬質ポリ塩化ビニル電線管の傍記表示は，JIS C 0303 により，HIVE である。

なお，イの FEP は，波付硬質合成樹脂管

ハの VE は，硬質ポリ塩化ビニル電線管

ニの CD は，合成樹脂製可とう電線管（CD 管）

したがって，**ロ**である。

問 41 ▶▶正解　ロ

⑪の部分を複線図にすると問33（16ページ参照）の図の⑪のようになる。

●接続電線とリングスリーブの組合せ表

接続する電線の組合せ		使用するリングスリーブのサイズ	使用する圧着工具のダイス	圧着マーク（刻印）
サイズ（太さ）	本数			
1.6 mm	2本	小	1.6×2小	○
	3～4本	小	小	小
	5～6本	中	中	中
2.0 mm	2本	小	小	小
	3～4本	中	中	中
2.0 mm（1本）と1.6 mm（1～2本）		小	小	小
2.0 mm（1本）と1.6 mm（3～5本）		中	中	中
2.0 mm（2本）と1.6 mm（1～3本）				

※リングスリーブの大きさの選択の目安として，1.6 mmの電線の断面積は2 mm^2，2.0 mmの電線の断面積は3.5 mm^2とし，断面積の合計が8 mm^2以下であれば「リングスリーブ小」，8 mm^2を超えて14 mm^2未満であれば「リングスリーブ中」とする。例外として2.0 mm 4本は14 mm^2となるが「リングスリーブ中」を使用する。

接続点は4箇所，接続電線とリングスリーブの組合せ表により，**ロ**である。

問 42 ▶▶正解　ハ

⑫で示す部分でDV線を引き留める場合に使用するものは，**ハ**の引留がいしである。

なお，イはノップがいしで，がいし引き工事で電線を支持するのに使用されている。

ロはチューブサポートで，ネオン工事でネオン管を支持するのに使用されている。

ニは玉がいしで，支線を絶縁するのに使用されている。

問43 ▶▶正解 イ

⑬の部分を複線図にすると下図のようになる。

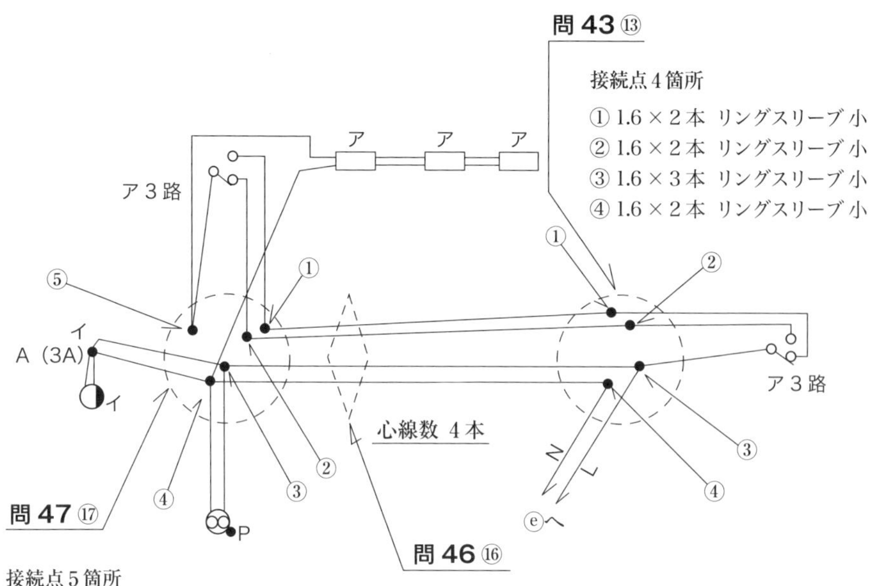

接続点5箇所
① 1.6×2 本
② 1.6×2 本
③ 1.6×3 本
④ 1.6×4 本
⑤ 1.6×2 本

接続点は4箇所，問41（20ページ参照）の接続電線とリングスリーブの組合せ表により，**イ**である。

問44 ▶▶正解　ニ

⑭で示す図記号の部分に使用される機器は，内線規程 3202 － 6 図により 200 V 配線であるので，2 極（両切り）用のリモコンリレーを用いる。

なお，イは，漏電遮断器で，図記号は，E

ロは，タイムスイッチで，図記号は，TS

ハは，単極（片切り）用のリモコンリレーで，図記号は，▲

したがって，**ニ**である。

問45 ▶▶正解　ハ

⑮で示す屋外部分の接地工事で使用されないものは，金属電線管のバリ取りなどに用いる，**ハ**のリーマである。

なお，イは，電工ナイフで，接地線の皮むきに使用されている。

ロは，接地棒で，接地を取るために使用されている。

ニは，圧着端子で，接地線の端末に取り付けて室外機に接続するのに使用されている。

したがって，**ハ**である。

問46 ▶▶正解　ロ

⑯の部分を複線図にすると問 43（21 ページ参照）の図の⑯のようになる。

したがって，**ロ**である。

問 47 ▶▶正解 ロ

⑰の部分を複線図にすると問 43（21 ページ参照）の図の⑰のようになる。

したがって，**ロ**である。

問 48 ▶▶正解 ロ

⑱で示す図記号の名称は，JIS C 0303 により，**ロ**のライティングダクトである。

なお，イは，合成樹脂線ぴ（樹脂モール）

ハは，一種金属線ぴ（メタルモール）

ニは，ケーブルラック

したがって，**ロ**である。

問 49 ▶▶正解 ニ

この配線図の施工で，使用されていないものは，**ニ**の 2 極スイッチである。図記号は，●2P

なお，イは，自動点滅器で，事務所勝手口の外灯で使用されている。

図記号は，●A

ロは，リモコン変圧器で，電灯分電盤内で使用されている。

図記号は，Ⓣ R

ハは，3 路スイッチで，事務所勝手口の入口等で使用されている。図記号は，●3

したがって，**ニ**である。

問50 ▶▶正解　イ

この配線図の施工で，使用されているコンセントは，**イ**の抜け止め形コンセントである。カウンタで使用されている。図記号は，◐LK

なお，ロは，接地端子付コンセント2口用で，使用されていない。

図記号は，◐ 2 ET

ハは，接地極付抜け止め形コンセント2口用で，使用されていない。図記号は，◐ 2 E LK

ニは，接地端子付防雨形抜け止め形3口用コンセントで，使用されていない。図記号は，◐ 3 ET WP LK

したがって，**イ**である。

令和５年度 上期午後 第二種電気工事士試験 解答 [問 1 ～ 50]

問題 1 一般問題 問 1 ～ 30

問 1 ▶▶正解 ロ

問題の回路は，下図のような回路になる。

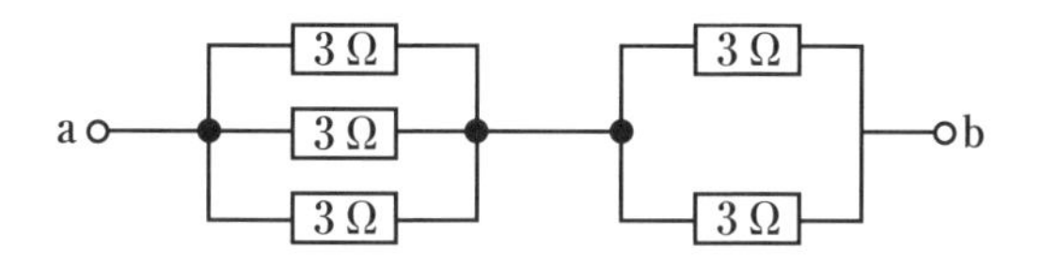

左側の 3 Ω 3 個の並列合成抵抗は，

$$\frac{3 \times 3}{3 + 3} = \frac{9}{6} = 1.5\ \Omega$$

$$\frac{3 \times 1.5}{3 + 1.5} = \frac{4.5}{4.5} = 1\ \Omega$$

右側の 3 Ω 2 個の並列合成抵抗は，

$$\frac{3 \times 3}{3 + 3} = \frac{9}{6} = 1.5\ \Omega$$

よって，a − b 間の合成抵抗は，$1 + 1.5 = 2.5\ \Omega$ となる。
したがって，**ロ**である。

問題▶本冊 p.225, p.228

問 2 ▶▶正解　ニ

A 銅線の長さを ℓ，直径を d，抵抗率を ρ とすると抵抗 R_a は，

$$R_a = \rho \frac{\ell}{\frac{\pi d^2}{4}} = \text{A} \qquad \left(\frac{\pi d^2}{4} \text{ は導体の断面積}\right)$$

B 銅線の長さを ℓ'，直径を d'，（抵抗率は材質が同じなので ρ）とすると R_b は，

$$R_b = \rho \frac{\ell'}{\frac{\pi d'^2}{4}} = \rho \frac{\frac{\ell}{2}}{\frac{\pi (2d)^2}{4}} = \rho \frac{\ell}{\frac{\pi d^2}{4}} \times \frac{1}{8} = \text{A} \times \frac{1}{8}$$

ここで，$\ell' = \frac{\ell}{2}$（$\ell = 100$ m，$\ell' = 50$ m $= \frac{\ell}{2}$ m）

$d' = 2d$（$d = 1.6$ mm $= 0.0016$ m，$d' = 3.2$ mm

$= 0.0032$ m $= 2d$ m）

よって，$\frac{R_a}{R_b} = \frac{\text{A}}{\frac{1}{8}\text{A}} = 8$

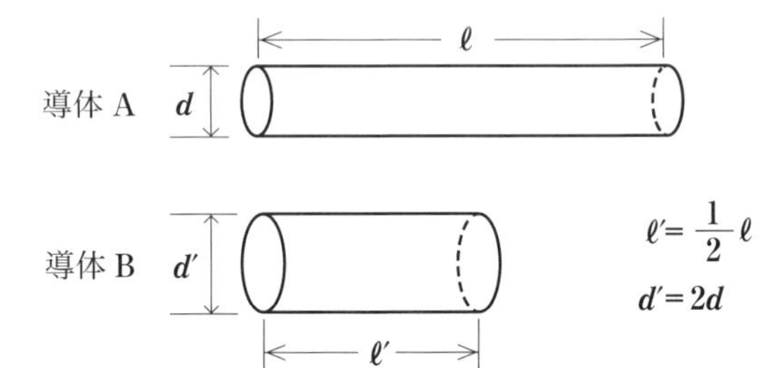

したがって，**ニ**である。

問 3 ▶▶正解 ハ

消費電力量 W は，下式で表される。

$W = Pt$ ［kW・h］

ただし，P は消費電力［kW］，t は時間［h］

なお，1時間30分は $\left(1 + \frac{30}{60}\right) = \left(1 + \frac{1}{2}\right) = \frac{3}{2}$ 時間である。

よって，消費電力量が4.5 kW・hであるから，

$4.5 = P \times t = P \times \frac{3}{2}$

$P = 3\,\mathrm{kW}$

ここで，電流が15 Aであるから，$P = V \times 15$［kW］

よって電圧 V は，

$V \times 15 = 3 \times 1\,000$

$V = \frac{3\,000}{15} = 200\,\mathrm{V}$

したがって，**ハ**である。

問 4 ▶▶正解 ロ

単相交流回路の消費電力 P は，下式で表される。

$P = V \times I \times \cos\theta$ ［kW］（V は電圧，I は電流，$\cos\theta$ は力率）

よって，$P = 200 \times 15 \times 0.9 = 2\,700 = 2.7\,\mathrm{kW}$

したがって，**ロ**である。

問題▶本冊 p.228 ~ 229

問5 ▶▶正解　ロ

問題の図は，三相平衡回路であるから，一相の回路図は，右図のようになる。

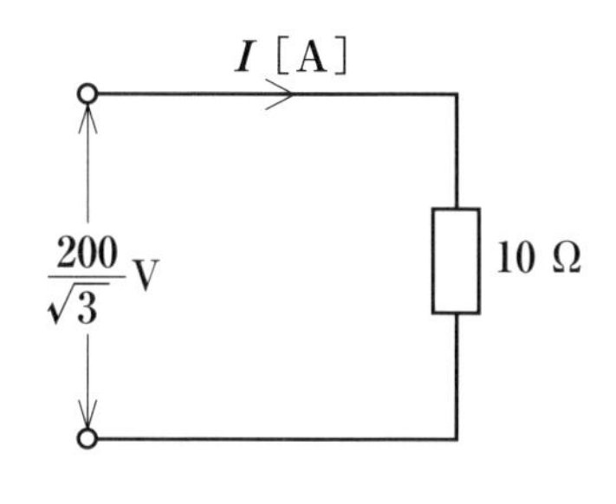

よって，電流 I［A］は，

$$I = \frac{\frac{200}{\sqrt{3}}}{10} = \frac{20}{1.73} \fallingdotseq 11.6\ \mathrm{A}$$

したがって，**ロ**である。

問6 ▶▶正解　ニ

問題図より，c − c′ 間の電圧を $V_{cc'}$ とすると，$V_{cc'}$ は d − d′ 間の電圧（100 V）に線路の電圧降下を加えたものであるので（電流は 5 A），

$$V_{cc'} = 100 + 2 \times 0.1 \times 5 = 100 + 1 = 101\mathrm{V}$$

b − b′ 間の電圧を $V_{bb'}$ とすると，$V_{bb'}$ は c − c′ 間の電圧（101 V）に線路の電圧降下を加えたものであるので（電流は 10 A），

$$V_{bb'} = 101 + 2 \times 0.1 \times (5 + 5) = 101 + 2 = 103\mathrm{V}$$

a − a′ 間の電圧を $V_{aa'}$ とすると，$V_{aa'}$ は b − b′ 間の電圧（103 V）に線路の電圧降下を加えたものであるので（電流は 20 A），

$$V_{aa'} = 103 + 2 \times 0.05 \times (10 + 10) = 103 + 2 = 105\ \mathrm{V}$$

したがって，**ニ**である。

問 7 ▶▶正解 ハ

中性線の電流が 0 A であるので，V_s は，

$V_s = rI + V_r$ となる。

よって，電圧降下（$V_s - V_r$）は，

$V_s - V_r = rI$［V］

したがって，**ハ**である。

問 8 ▶▶正解 ロ

電技解釈**第 146 条**により，直径 2.0 mm のビニル絶縁電線の許容電流は 35 A である。

よって，電線 1 本の許容電流は，電流減少係数が 0.7 であるから，

$35 \times 0.7 = 24.5$ A

したがって，**ロ**である。

問 9 ▶▶正解 ニ

電技解釈**第 149 条**により，分岐回路の過電流遮断器の位置は，幹線と分岐点からの距離が 10 m なので，幹線を保護する過電流遮断器の定格電流の 55 %以上としなければならない。

よって，定格電流を I_b，a − b 間の許容電流を I_w とすると，

$I_w \geqq I_b \times 0.55 = 40 \times 0.55 = 22$ A

したがって，**ニ**である。

問 10 ▶▶正解　ニ

電技解釈**第 149 条**により，**ニ**が適切である。

イの場合，30 A の配線用遮断器に 30 A のコンセントを接続する時は，配線を 2.6 mm にする必要がある。

ロの場合，20 A の配線用遮断器に 30 A のコンセントは接続できない。

ハの場合，30 A の配線用遮断器に 15 A のコンセントは接続できない（コンセントの個数は関係しない）。

問 11 ▶▶正解　ハ

アウトレットボックスの使用方法として，不適切なものは**ハ**である。

配線用遮断器を集合して設置するものは，分電盤や配電盤である。

問 12 ▶▶正解　イ

電技解釈**第 171 条**により，ビニルコードは耐熱性がないので，熱を発生する電気器具には使用できない。

なお，ロ，ハ，ニは共に，熱を発生する電気器具である。

したがって，**イ**である。

問 13 ▶▶正解　ニ

電気工事の作業と使用する工具の組合せとして，誤っているのは，**ニ**である。

薄鋼電線管を切断するのに用いるのは，金切りのこやパイプカッタなどである。

また，プリカナイフは，2 種金属製可とう電線管の切断に用いる。

問 14 ▶▶正解　ロ

一般用低圧三相かご形誘導電動機の記述で，誤っているのは，**ロ**である。

三相かご形誘導電動機のじか入れ始動電流は全負荷電流の 5 ～ 8 倍とされている。

問 15 ▶▶正解　イ

直管 LED ランプは，すべての蛍光灯器具にそのまま使用できない。

ただし，点灯管タイプ（グロー点灯）のものは，ダミーの点灯管と取り替えれば使用できる。

したがって，誤っているものは**イ**である。

問 16 ▶▶正解　イ

写真に示す材料の用途は，合成樹脂製可とう電線管相互を接続するのに用いる。

名称は，PF 管用カップリングである。

したがって，**イ**である。

問17 ▶▶正解　ハ

写真の器具は，配線用遮断器（電動機保護兼用）で，主に電動機の過負荷保護用に用いられ，適合する電動機の容量が表示してある。

なお，イの漏電警報器は，

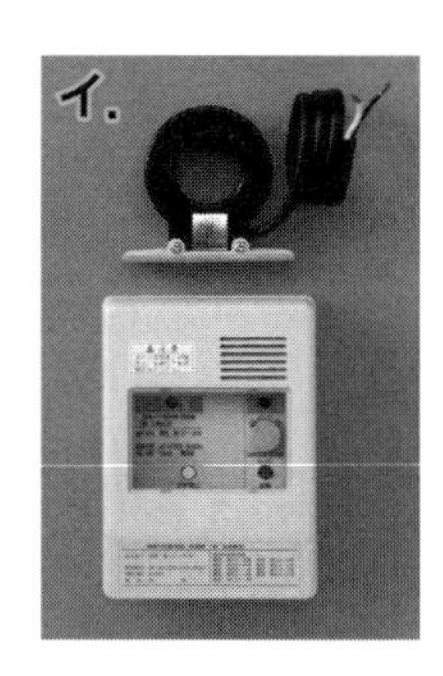

ロの電磁開閉器は，

ニの漏電遮断器は，

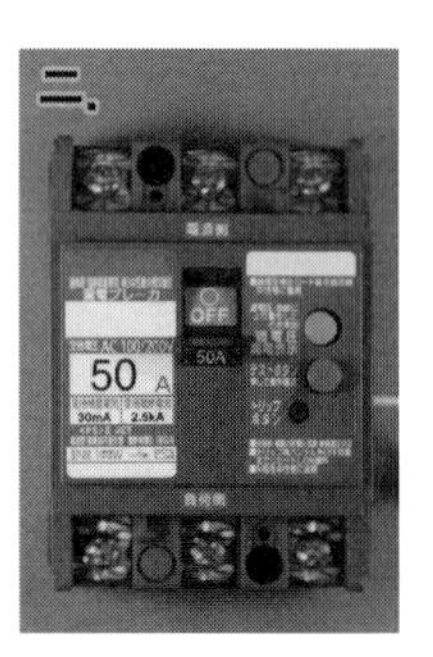

したがって，**ハ**である。

問18 ▶▶正解　ロ

写真に示される工具は，ホルソで，鉄板，各種金属板の穴あけに用いる。

なお，イに用いるものは，リーマである。

ハに用いるものは，羽根ぎりや木工用ドリルビットである。

ニに用いるものは，ジャンピングやコンクリート用ドリルビットである。

したがって，**ロ**である。

問19 ▶▶正解　ハ

内線規程 1335 － 2 表による。

接続電線とリングスリーブの組合せ表より，誤っているものは**ハ**である。

●接続電線とリングスリーブの組合せ表

接続する電線の組合せ		使用するリングスリーブのサイズ	使用する圧着工具のダイス	圧着マーク（刻印）
サイズ（太さ）	本数			
1.6 mm	2本	小	1.6 × 2 小	○
	3～4本	小	小	小
	5～6本	中	中	中
2.0 mm	2本	小	小	小
	3～4本	中	中	中
2.0 mm（1本）と 1.6 mm（1～2本）		小	小	小
2.0 mm（1本）と 1.6 mm（3～5本）		中	中	中
2.0 mm（2本）と 1.6 mm（1～3本）				

※リングスリーブの大きさの選択の目安として，1.6 mm の電線の断面積は 2 mm^2，2.0 mm の電線の断面積は 3.5 mm^2 とし，断面積の合計が 8 mm^2 以下であれば「リングスリーブ小」，8 mm^2 を超えて 14 mm^2 未満であれば「リングスリーブ中」とする。例外として 2.0 mm 4 本は 14 mm^2 となるが「リングスリーブ中」を使用する。

問20 ▶▶正解　イ

電技解釈**第 156 条**，156 − 1 表により，施工できない工事をすべて含んだ組合せは，**イ**である。

156 − 1 表

施設場所の区分		使用電圧の区分	工事の種類											
			がいし引き工事	合成樹脂管工事	金属管工事	金属可とう電線管工事	**金属線ぴ工事**	**金属ダクト工事**	バスダクト工事	ケーブル工事	フロアダクト工事	セルラダクト工事	**ライティングダクト工事**	平形保護層工事
展開した場所	乾燥した場所	300 V 以下	○	○	○	○	○	○	○	○			○	
		300 V 超過	○	○	○	○		○	○	○				
	湿気の多い場所又は水気のある場所	300 V 以下	○	○	○	○			○	○				
		300 V 超過	○	○	○	○				○				
点検できる隠ぺい場所	乾燥した場所	300 V 以下	○	○	○	○	○	○	○	○		○	○	○
		300 V 超過	○	○	○	○		○	○	○				
	湿気の多い場所又は水気のある場所	—	○	○	○	○				○				
点検できない隠ぺい場所	乾燥した場所	300 V 以下		○	○	○				○	○	○		
		300 V 超過		○	○	○				○				
	湿気の多い場所又は水気のある場所	—		○	○	○				○				

（備考）○は，使用できることを示す。

問 21 ▶▶正解 ニ

電技解釈**第 148 条**により，電灯専用（単相 100 V）の分岐回路に 2 極 1 素子の配線用遮断器を取り付けた場合，素子のない極に中性線を取り付けなければならない。

なお，イ，ロ，ハは正しい。

したがって，不適切なものは**ニ**である。

問 22 ▶▶正解 ニ

電技解釈**第 29 条**により，水気のある場所では，定格感度電流 15 mA，動作時間 0.1 秒の電流動作型漏電遮断器を設置しても，D 種接地工事は省略できない。

なお，イは，電技解釈第 29 条により，適切である。
　　ロは，電技解釈第 17 条により，適切である。
　　ハは，電技解釈第 17 条により，適切である。

したがって，不適切なものは**ニ**である。

問 23 ▶▶正解 ニ

エントランスキャップは，雨水の浸入しやすい管端に用いる。

また，ターミナルキャップは，水平配管の管端に取り付けて，電線の被覆を保護するのに用いる。

したがって，**ニ**の A の部分にターミナルキャップを使用するが不適切で，実際は，エントランスキャップを使用するのが正しい施工である。

したがって，**ニ**である。

問 24 ▶▶正解 イ

検査は点検，測定及び試験，通電試験（試送電）の順に実施する。

通電試験は，測定及び試験で回路や機器の安全や動作を確認した上で，最後に行うのが正しい検査である。

したがって，誤っているものは**イ**である。

問題▶本冊 p.234 ~ 236

問25 ▶▶正解　ニ

単相3線式回路で中性線が断線すると，容量の大きい機器（抵抗値が小さい）には定格電圧より低い電圧が加わり，容量の小さい機器（抵抗値が大きい）には定格電圧より高い電圧が加わる。

なお，イの機器Aの内部で断線している場合と，ハのb線が断線している場合は，100Vを示す。

ロのa線が断線している場合は，0Vを示す。

したがって，**ニ**である。

問26 ▶▶正解　ロ

電池式接地抵抗計には，ディジタル形と指針形（アナログ形）があり，出力端子における電圧は，共に交流電圧である。

したがって，誤っているものは**ロ**である。

問27 ▶▶正解　イ

漏れ電流計（クランプ形）は，負荷電流や漏れ電流の測定に用いられ，一般的な負荷電流測定用のクランプ形電流計より，感度が高い。

したがって，誤っているものは**イ**である。

問28 ▶▶正解　イ

電気工事士法では，次のように目的を定めている。

電気工事の作業に従事する者の資格及び**義務**を定め，もって電気工事の欠陥による災害の発生の防止に寄与することを目的とする。

よって，資格及び権利ではなく，資格及び義務である。

したがって，誤っているものは**イ**である。

問 29 ▶▶正解 ロ

特定電気用品に表示する記号は，〈PS E〉（ひし形）または〈PS〉E で，特定電気用品以外の電気用品に表示する記号は，（PS E）（丸形）または（PS）E である。

したがって，誤っているものは**ロ**である。

問 30 ▶▶正解 ロ

電技**第 2 条**により，低圧は直流にあっては 750 V 以下，交流にあっては 600 V 以下のものである。

高圧は，直流にあっては 750 V を，交流にあっては 600 V を超え，7 000 V 以下のものである。

したがって，**ロ**である。

問題2 配線図

問31 ～ 50

問31 ▶▶正解　ニ

①で示す図記号の名称は，JIS C 0303により，ジョイントボックスである。

なお，イのプルボックスの図記号は，

ロのVVF用ジョイントボックスの図記号は，

ハのジャンクションボックスの図記号は，

したがって，**ニ**である。

問32 ▶▶正解　ニ

②で示す図記号の名称は，JIS C 0303により，ワイドハンドル形点滅器である。

なお，イの一般形点滅器の図記号は，

ロの一般形調光器の図記号は，

ハのワイド形調光器の図記号は，

したがって，**ニ**である。

問33 ▶▶正解　イ

③で示す工事の種類で正しいものは，ケーブル工事である。

電技解釈**第110条**により，木造住宅における引き込み口配線工事において，がいし引き工事，合成樹脂管工事，ケーブル工事以外は施設できない。

したがって，**イ**である。

問34 ▶▶正解 ロ

④で示す部分に施設する機器は，電技解釈**第 148 条**，JIS C 0303 により，単相 3 線式回路の過負荷保護付，中性線欠相保護付漏電遮断器であるので，3 極 2 素子の漏電遮断器である。

したがって，**ロ**である。

問35 ▶▶正解 イ

⑤で示す部分は，単相 3 線式回路から供給される単相 200 V 回路なので，対地電圧は 100 V になる。

よって，電技**第 58 条に**より，絶縁抵抗の最小値は 0.1 MΩ である。

したがって，**イ**である。

※ 17 ページの表を参照

問36 ▶▶正解 ニ

⑥で示す部分に取り付ける照明器具ペンダントの図記号は，JIS C 0303 により，**ニ**である。

なお，イの図記号は，シーリング（天井直付）
　　ロの図記号は，シャンデリヤ
　　ハの図記号は，屋外灯

問37 ▶▶正解 ニ

⑦で示す部分の接地工事の種類は，電技解釈**第 29 条**により，電圧が 300 V 以下であるから D 種接地工事である。

また，電技解釈**第 17 条**により，「接地抵抗値は 100 Ω（低圧電路において，地絡を生じた場合に 0.5 秒以内に当該電路を自動的に遮断する装置を施設するときは，500 Ω）以下であること」と規定されている。

よって，題意により，0.1 秒以内で動作する漏電遮断器がついているので，接地抵抗の許容される最大値は 500 Ω である。

したがって，**ニ**である。

問 38 ▶▶正解　ロ

⑧の部分を複線図にすると下記のようになる。

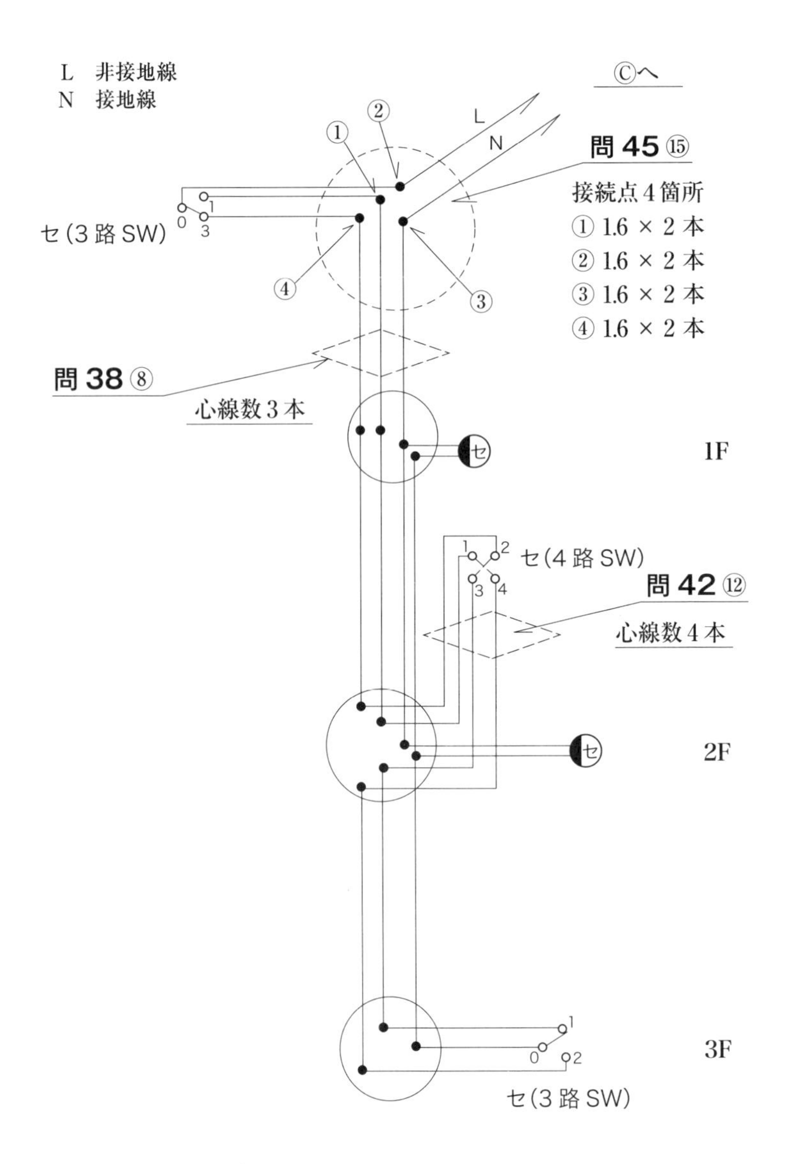

したがって，**ロ**である。

問 39 ▶▶正解 ニ

⑨で示す部分の小勢力回路の最大電圧は，電技解釈**第 181 条**により 60 V である。

したがって，**ニ**である。

問 40 ▶▶正解 イ

⑩で示す部分の配線工事で用いる管の種類は，FEP の表示があるので，JIS C 0303 により，波付硬質合成樹脂管である。

なお，ロの硬質ポリ塩化ビニル電線管の記号は，VE
ハの耐衝撃性硬質ポリ塩化ビニル電線管の記号は，HIVE
ニの耐衝撃性硬質ポリ塩化ビニル管の記号は，HIVP

したがって，**イ**である。

問 41 ▶▶正解 ハ

⑪で示す部分の器具の裏側配線は，下図のようにスイッチを入れると確認表示灯と外灯を点灯させる配線である。

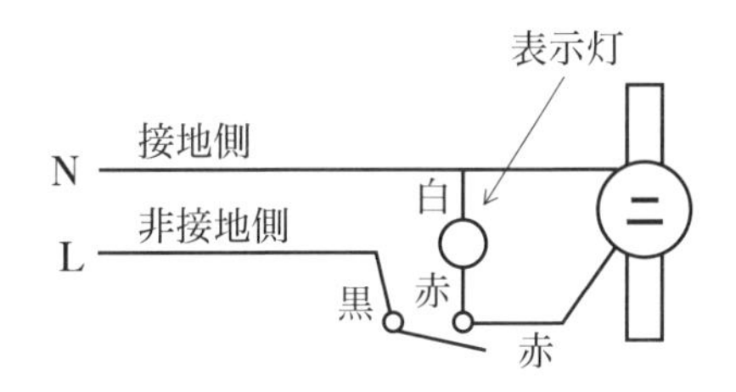

したがって，**ハ**である。

問 42 ▶▶正解 ハ

⑫の部分を複線図にすると問 38（左ページ参照）の図の⑫のようになる。

したがって，**ハ**である。

問43 ▶▶正解　ロ

⑬で示す図記号の器具は，JIS C 0303 により，単相 250 V 20 A 接地極付コンセントである。

なお，イは，単相 250 V 20 A 用接地極付接地端子付コンセントで，

図記号は，20A250V EET

ハは，単相 250 V 15 A 用接地極付コンセントで，

図記号は，250V E

ニは，三相 250 V 接地極付コンセントで，

図記号は，250V3P E

したがって，**ロ**である。

問44 ▶▶正解　ハ

⑭の部分を複線図にすると下図のようになる。

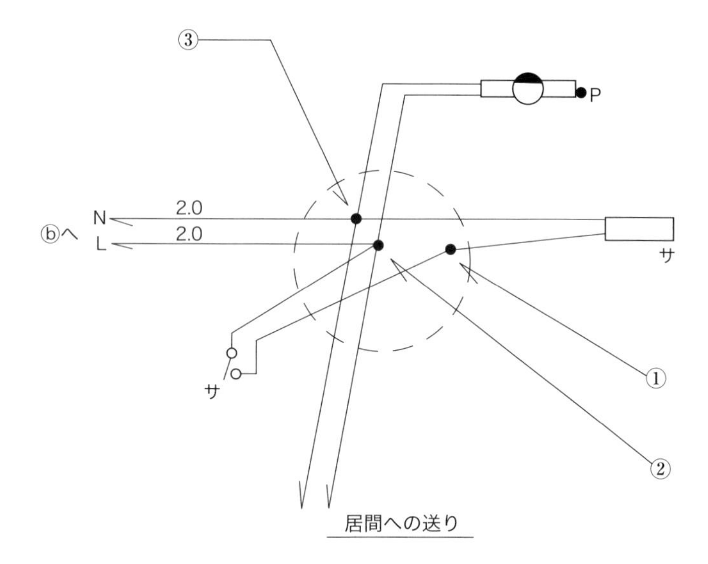

(33 ページの接続電線とリングスリーブの組合せ表により)

① 1.6 × 2 本　リングスリーブ 小

② 2.0 × 1 本 + 1.6 × 3 本 リングスリーブ 中

③ 2.0 × 1 本 + 1.6 × 3 本 リングスリーブ 中

したがって，**ハ**である。

問45 ▶▶正解　ハ

⑮の部分を複線図にすると問38（40ページ参照）の図の⑮のようになる。

接続点は4箇所，33ページの接続電線とリングスリーブの組合せ表により，**ハ**である。

問46 ▶▶正解　ハ

⑯で示す図記号の機器は，JIS C 0303により，単相200 V 2P 20 Aの配線用遮断器である。

これは，電技解釈**第149条**により，2極2素子（2P 2E）の配線用遮断器を用いらなければならない。

なお，イは，2極1素子（2P 1E）の配線用遮断器
　　　ロは，2極2素子（2P 2E）の過負荷保護付漏電遮断器
　　　ニは，2極1素子（2P 1E）の過負荷保護付漏電遮断器

したがって，**ハ**である。

問47 ▶▶正解　ニ

⑰の部分を複線図にすると下図のようになる。

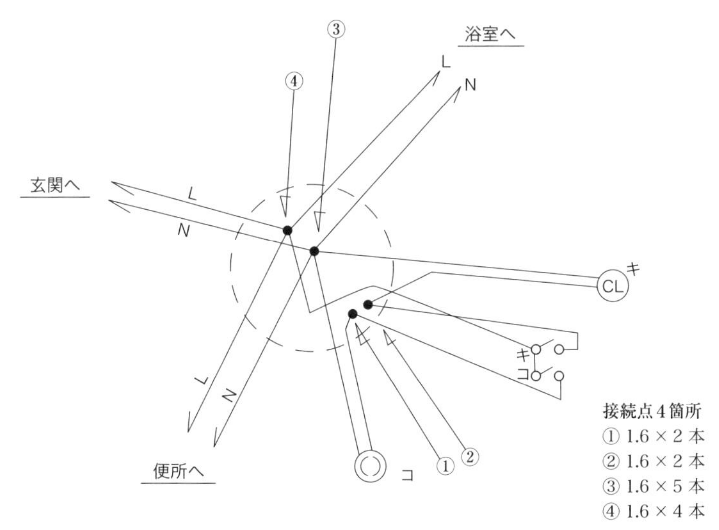

したがって，**ニ**である。

問48 ▶▶正解 ロ

ロは，位置表示灯内蔵スイッチで，図記号は●Hである。

なお，イは，調光器で，1階居間で使用されている。図記号は，●↗

ハは，熱線式自動スイッチで，1階玄関で使用されている。

図記号は，●RAS

ニは，確認表示灯内蔵スイッチで，1階浴室で使用されている。図記号は，●L

したがって，使用されていないスイッチは，**ロ**である。

問49 ▶▶正解 ニ

この配線図の施工で，使用されていないものは，ポリ塩化ビニル電線管とボックスとの接続に用いる，**ニ**の2号ボックスコネクタである。この配線図の施工には，合成樹脂管工事がないので，これは使用されていない。

なお，イは，ライティングダクト用のフィードインボックスで，台所のライティングダクト工事で使用されている。

ロは，FEP（波付硬質合成樹脂管）用クランプで，外灯工事で使用されている。

ハは，ゴムブッシングで，外灯工事のプルボックス等で使用されている。

したがって，**ニ**である。

問50　▶▶正解　ロ

この配線図の施工で，一般的に使用されていないものは，2種金属製可とう電線管（プリカチューブ）の切断に用いる，**ロ**のプリカナイフである。

この配線図の施工には，プリカチューブの工事がないので，これは使用されていない。

なお，イは，呼び線挿入器（通線器）で，電線管に電線を通線するのに使用されている。

ハは，金づちで，接地棒等の打ち込みに使用されている。

ニは，木工用ドリルビットで，木材に穴をあけるのに使用されている。

したがって，**ロ**である。

MEMO

令和５年度・下期【午後】　解答一覧

1　一般問題					
問	答	問	答	問	答
1	ロ	11	イ	21	ロ
2	イ	12	ロ	22	ハ
3	イ	13	イ	23	イ
4	ロ	14	ニ	24	ニ
5	ハ	15	ニ	25	ニ
6	ニ	16	イ	26	イ
7	ハ	17	ロ	27	ロ
8	ロ	18	ハ	28	ニ
9	ニ	19	ハ	29	ロ
10	ロ	20	ロ	30	ハ

2　配線図			
問	答	問	答
31	イ	41	ロ
32	ハ	42	ハ
33	イ	43	イ
34	ニ	44	ニ
35	ロ	45	ハ
36	ニ	46	ロ
37	ニ	47	ロ
38	ハ	48	ロ
39	ニ	49	ニ
40	ロ	50	イ

令和５年度・上期【午後】　解答一覧

[1]　一般問題

問	答	問	答	問	答
1	㋑ **㋺** ㋩ ㋥	11	㋑ ㋺ **㋩** ㋥	21	㋑ ㋺ ㋩ **㋥**
2	㋑ ㋺ ㋩ **㋥**	12	**㋑** ㋺ ㋩ ㋥	22	㋑ ㋺ ㋩ **㋥**
3	㋑ ㋺ **㋩** ㋥	13	㋑ ㋺ ㋩ **㋥**	23	㋑ ㋺ ㋩ **㋥**
4	㋑ **㋺** ㋩ ㋥	14	㋑ **㋺** ㋩ ㋥	24	**㋑** ㋺ ㋩ ㋥
5	㋑ **㋺** ㋩ ㋥	15	**㋑** ㋺ ㋩ ㋥	25	㋑ ㋺ ㋩ **㋥**
6	㋑ ㋺ ㋩ **㋥**	16	**㋑** ㋺ ㋩ ㋥	26	㋑ **㋺** ㋩ ㋥
7	㋑ ㋺ **㋩** ㋥	17	㋑ ㋺ **㋩** ㋥	27	**㋑** ㋺ ㋩ ㋥
8	㋑ **㋺** ㋩ ㋥	18	㋑ **㋺** ㋩ ㋥	28	**㋑** ㋺ ㋩ ㋥
9	㋑ ㋺ ㋩ **㋥**	19	㋑ ㋺ **㋩** ㋥	29	㋑ **㋺** ㋩ ㋥
10	㋑ ㋺ ㋩ **㋥**	20	**㋑** ㋺ ㋩ ㋥	30	㋑ **㋺** ㋩ ㋥

[2]　配線図

問	答	問	答
31	㋑ ㋺ ㋩ **㋥**	41	㋑ ㋺ **㋩** ㋥
32	㋑ ㋺ ㋩ **㋥**	42	㋑ ㋺ **㋩** ㋥
33	**㋑** ㋺ ㋩ ㋥	43	㋑ **㋺** ㋩ ㋥
34	㋑ **㋺** ㋩ ㋥	44	㋑ ㋺ **㋩** ㋥
35	**㋑** ㋺ ㋩ ㋥	45	㋑ ㋺ **㋩** ㋥
36	㋑ ㋺ ㋩ **㋥**	46	㋑ ㋺ **㋩** ㋥
37	㋑ ㋺ ㋩ **㋥**	47	㋑ ㋺ ㋩ **㋥**
38	㋑ **㋺** ㋩ ㋥	48	㋑ **㋺** ㋩ ㋥
39	㋑ ㋺ ㋩ **㋥**	49	㋑ ㋺ ㋩ **㋥**
40	**㋑** ㋺ ㋩ ㋥	50	㋑ **㋺** ㋩ ㋥

※矢印の方向に引くと解答・解説が取り外せます。